U0181802

一步万里阔

未来 IT 图解

Illustrate the future of "IT"

人工智能

未来 IT 図解 これからの AI ビジネス

（日）谷田部卓／著

刘晓慧 刘 星／译

中国工人出版社

未来人工智能商业

人工智能（AI）已流行了数年之久。尽管过去也曾掀起过几次热潮，但都因没能取得实质性成果而很快烟消云散。为此，商业界经常用怪异、猜疑的眼光审视“人工智能”，甚至不少研究人员很长一段时间把“人工智能”一词视为禁语。尽管如此，机器学习和神经网络的研究人员们通过辛勤工作还是在“深度学习”上取得了巨大成果。

这次的人工智能热并没有简单地一过了之，而逐渐被运用于现实的商业活动之中。现在开始，人工智能商业正式开启了发展的进程。

但是，大部分企业并不了解智能商业的特性，其方法论也尚未确立。因此，就像长期以来一直使用某种软件进行商业活动的方法一样，失败的案例也不在少数。

新的人工智能商业虽然是高风险高收益，但如果我们了解了其特有的性质，便可以准确地降低风险。由于少子老龄化和“颠覆者”企业的出现，日本经济的未来并不明朗。但是，如果能在先发优势很大的人工智能商业领域获得成功，那么这些困难便会迎刃而解。衷心地希望读者通过阅读此书，收获人工智能商业带来的胜利果实。

谷田部卓

迅速进化的人工智能产业

2016年
3月

胜者

第一代阿尔法狗
（AlphaGo）

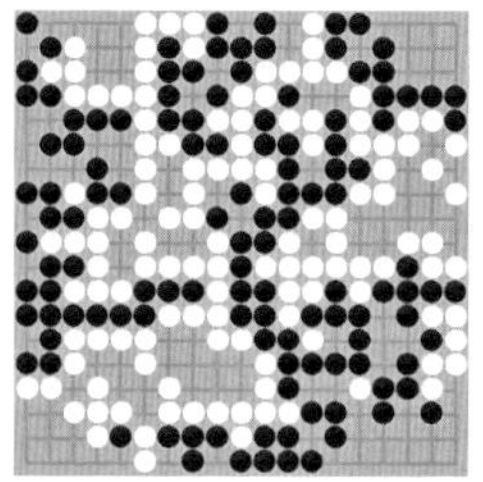

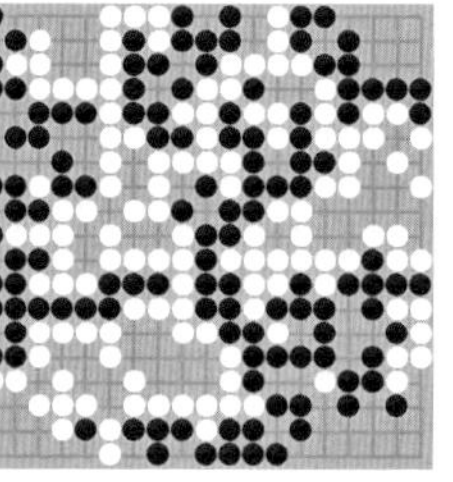

败者

人类

围棋编程的阿尔法狗（AlphaGo）

2017年
10月

2016年3月，Google旗下公司DeepMind的阿尔法狗（AlphaGo）以4胜1负的成绩战胜了世界顶级围棋职业棋手，震惊世界。之后的2017年10月，只学习了围棋规则、仅仅进行了3天自我对弈训练的AlphaGoZero就以一百局全胜的成绩战胜了第一代阿尔法狗（AlphaGo）。也就是说，在完全没有学过以往棋谱的情况下，AlphaGo Zero自己发现了围棋在悠久历史中产生的规律和程序，并进一步独创了规律。

败者

第一代阿尔法狗
（AlphaGo）

VS

胜者

AlphaGo Zero

百战百胜

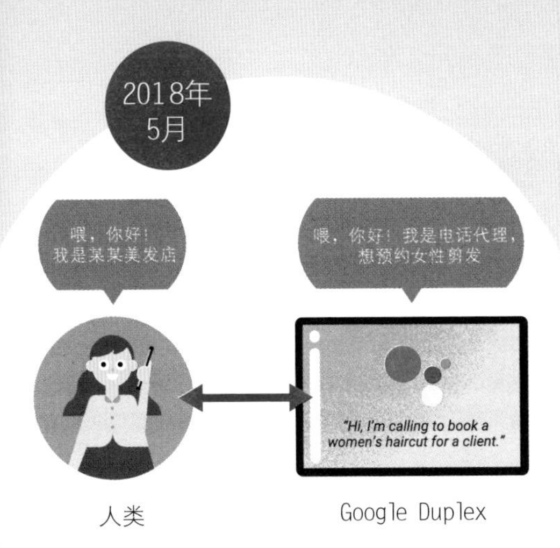

电话预约服务的

Duplex

2018年5月，Google推出了可以用电话和店家自然交流代替客户预约的Google Duplex。“能预约5月3号的理发吗？”“想预约几点的？”“12点可以吗？”“12点已经有约，13点15没问题”“10点到12点之间有空吗？”等，人工智能不是使用固定语句，而是根据店家的回答自然切换对话内容。

IBM的人工智能

2018年7月，IBM的人工智能在辩论中战胜了人类，在公开演示中证明了IBM的辩论程序面对两位人类辩手的优势。就政府为太空探索提供资助是否具有意义的辩题，人工智能从庞大的文献数据中引用论据阐述了自己的主张。最初的讲演结束后，人工智能听了职业辩手的反方论述并花了4分钟进行反驳。这些事实说明计算机已经能够比以往更加巧妙地学习人类的语言和交流方式。

得AI者得商场

掌握最新技术的企业方可成长

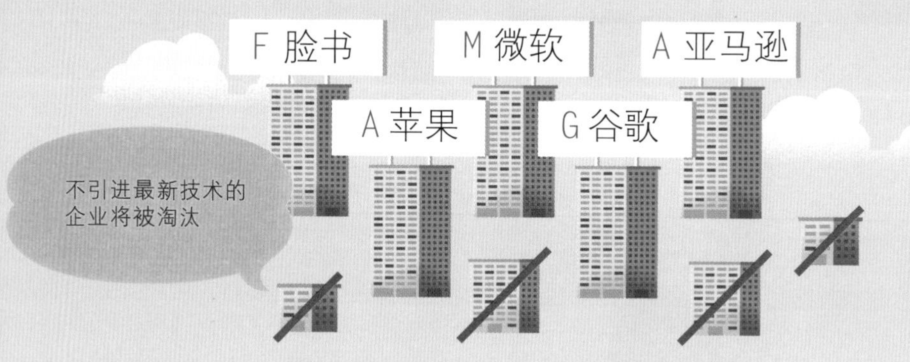

被称为“FAMGA”的5家企业运用最新技术，成为2017年世界股市市值最高的企业。不会使用最新技术，哪怕是大企业也会被市场淘汰。

前文介绍的这些AI技术都是以往计算机无法胜任的。然而如今，直到不久前还仅存于科幻世界中的人工智能正在逐渐走上舞台。

如果传统型企业没有改革良策，终将会在所有商业活动中被运用人工智能的技术型企业所控制。阅读本书的商业人士一定存在这样的危机感吧。

实际上，被称为“FAMGA”的脸书、苹果、微软、谷歌和亚马逊5大技术企业的市值在2017年占据了世界前5位。直到不久前还是世界顶尖企业的ExxonMobil 在2018年已经退居第10位，GE则已从前50位的名单中消失。

也就是说，不能运用最新技术，即使是巨型企业也会面临退市的危险，现代商业就是兴亡盛衰竞争激烈的世界。

人工智能的用途

最尖端技术的人工智能是什么？可以应用在哪些商业活动中呢？AI技术可以提高企业白领和生产第一线的生产力，通过嵌入新产品提升产品竞争力，用途十分广泛。因此，如果其他企业领先一步引进了AI技术，那么自家企业的竞争力就会相应受到削弱。

本书的阅读群体将是存在这种危机感的企业管理者、有望长期活跃于第一线的商业人士。如果是有先见之明的商业人士，他们会对自己所在企业或行业的前景、甚至自己的职业被人工智能替代乃至消失而感到不安，这样的读者应该也为数不少。本书也为这些隐隐感到不安的读者准备了答案，请读者耐心读到最后，让我们一同去面对可能即将冲击所有产业的危机吧。

AI技术拥有悠久的研究历史，蕴含着高难度的数学知识，但是本书将尽可能不使用公式，而以简单易懂的图形对观点及概念予以说明。

CONTENTS

目录

PART1
什么是人工智能

PART2
人工智能商业的诞生

PART3 应用人工智能的时代

PART4
人工智能时代的人才

PART5
社会变迁中的企业

PART 1

什么是人工智能

SECTION 01

人工智能技术的应用领域

人工智能日新月异，

但目前已实现的功能仍然有限。

本书将首先介绍目前已经应用了人工智能技术的各个领域。

◆ 目前的人工智能技术

近年来，人工智能（AI）热度空前。这是因为正如前文所述，人工智能技术的急速发展使以往无法实现的很多事情不断成为可能。

尽管如此，现在的人工智能技术因其特性应用领域还很有限。本书将具体介绍商业领域中人工智能技术的应用状况。

首先，从整体状况而言，现在AI技术的应用主要集中在“预测”“分类”和“实行”3个领域。

人工智能技术的应用领域

预　测	■数值预测：销售额需求预测，信用评分，发病风险评估 ■需求、意图预测：个人订货预测，推断用户兴趣 ■匹配：商品推荐，检索联动广告，内容匹配广告
分　类	■情报的判断、分类：图像分类，文本分类，垃圾邮件判定 ■识别声音、图像、视频：声音识别，人脸识别，手写文字识别 ■测定、预测异常：故障探测，预兆检测，医疗影像诊断
实　行	■工作自动化：自动驾驶，自动应答Q&A，处理投诉 ■表现的生成：图像生成，机器翻译，概括文章，作曲 ■行动最优化：游戏攻略，外卖送单路径最优化

人工智能技术的应用主要分为“预测”“分类”“实行”3个领域。

◆ 各领域特征

现在对上述3个领域进行具体说明。

①预测：在这个领域，企业营业额和用户需求的预测、个人兴趣爱好和关心点的预测等实用化程度最高。这一领域长期以来一直使用着“有监督学习”（参考SEC.02）的方法，并已在某种程度上固定了下来。

②分类：人脸识别、声音识别、判定垃圾邮件等对信息和数据进行分类的领域。近年来，“有监督学习”中“深度学习”（参考SEC.05）的出现推动了人脸识别和图像识别等技术的快速发展，精确度也明显提高。而其他包含在“无监督学习”（SEC.02）中的“聚类”技术也得以应用。

③实行：汽车驾驶、机器翻译、围棋和将棋等游戏攻略的领域。序章介绍的3个案例也属于实行范畴。因为内容简单易懂，所以经常被媒体报道，研究进展也较快，但实际上使用范围仍然不广。这一领域除了有名的“深度学习”技术外，还使用了“强化学习”（参考SEC.10）和“自然语言处理”（SEC.08–09）技术。

各领域所使用的人工智能技术

领域	人工智能技术
预测	■有监督学习：线性回归、多重回归、协同过滤等
分类	■有监督学习：深度学习、逻辑回归、SVM 等 ■无监督学习：k-means 法等
实行	■有监督学习：深度学习等 ■强化学习：DQN 等 ■自然语言处理

各领域所使用的人工智能技术都有各种算法，根据用途区别使用。

SECTION 02

机器学习的种类

本节介绍人工智能技术的起点，即拥有悠久研究历史的“机器学习”。
机器学习大致可以分为3类，各自的特征如下。

◆ 什么是机器学习?

本书将人工智能使用的技术统称为AI技术。但是，正如在SEC.01中说明的那样，人工智能仅由一项技术是无法实现的，它主要是以被称为“机器学习”领域的技术为基础发展起来的。

机器学习是实现人工智能的技术之一，即通过反复学习从样本中发现规律和特征。机器学习有多种分类方法。本书将其分为3类，即“有监督学习”“无监督学习”“强化学习”进行说明。

“有监督学习”就是需要教师样本的机器学习；“无监督学习”是指不给予答案的机器学习（“半监督学习”则是处于上述两者中间的形式）；“强化学习”是对不明答案的问题反复试错进而摸索找出答案，是一种接近人工智能的机器学习方式。

除此之外还有一些和机器学习有关的技术。近年非常成功的“神经网络”（参考SEC.03）基本上也被列入“有监督学习”类。AI技术中最有名的“深度学习”（参考SEC.05），日文译作“深层学习”，其阶层构造也属神经网络中特别深层之列。

只有“迁移学习”与这一分类方法有所不同。“迁移学习”尝试把需要大量教师样本的深度学习中的预训练模型（pre-trained model）运用于教师样本不足的其他领域，成为近年来屡受关注的一种模型。

机器学习的种类

有监督学习

需要事先准备正确答案的数据(教师样本)。
从教师样本中学习模式和特征。

无监督学习

在不提供正确答案数据(教师样本)的情况下学习，
被用于与有监督学习不同的用途上。

强化学习

不像有监督学习那样提供明确的正确答案，
而是准备了几个行动选择和报酬(评估、评分)。
对于不明正确答案的问题，在反复试错中寻找答案。

机器学习相关技术

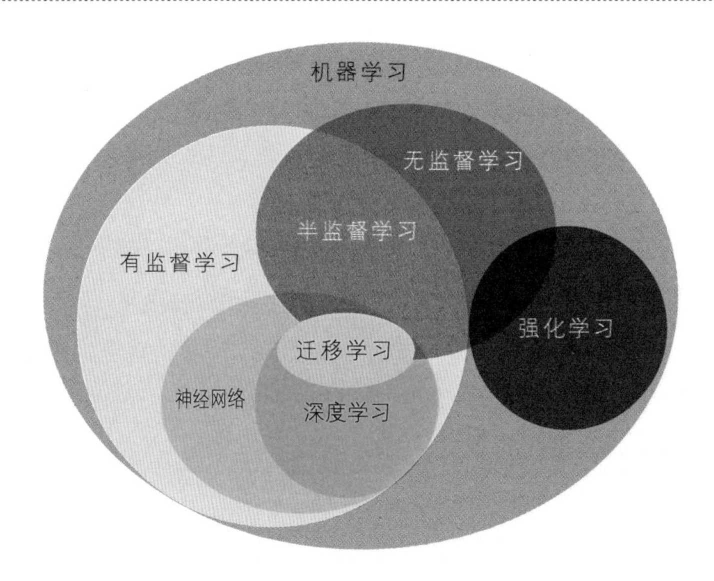

拥有悠久研究历史的机器学习分类多种多样，在此分为有监督学习和无监督学习两大类。

SECTION 03

机器学习的特征

机器学习为什么会作为人工智能的核心技术被使用呢?

它又与传统的程序有什么不同? 以下将通过对两者的比较进行解释说明。

◆ 神经网络与传统程序的不同

与传统软件相比，机器学习具有以下特征。和传统的软件一样，机器学习也是使用计算机驱动的软件，但是它又与其他软件有何不同呢?

下页图对传统程序和神经网络进行了模式化比较。计算机使用的大部分软件都是由程序员编写处理程序。在下图的例子中，计算机把输入的3种图形数据按照编写好的程序分类处理。

而神经网络则在最初使用教师样本学习。这个教师样本是由应该分类的图形数据和●以及▲等正确标签构成。实现了学习的神经网络将成为预训练模型的神经网络。持有预训练模型就可以对所输入的图形数据进行分类处理。

也就是说不需要人来编写程序，只要有足够量的教师样本，神经网络就能够处理，反言之，没有教师样本神经网络也就无法处理。这就是样本对于使用神经网络的人工智能非常重要的原因。在商业中使用人工智能时，这一点尤为重要。

神经网络与传统程序的不同

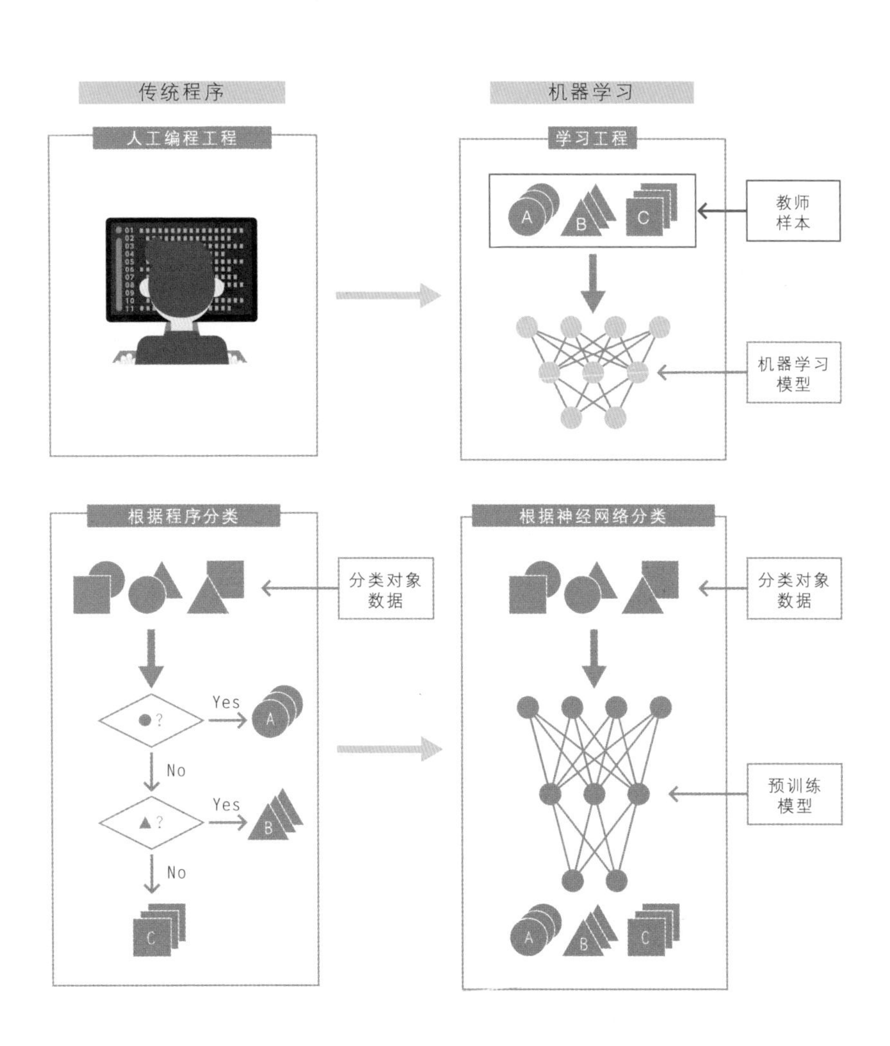

与传统程序相比较，机器学习根据样本学习的工程相当于人工编写程序工程。

SECTION 04

预测框架

本节将说明最早开始使用出自统计学的机器学习的“预测”领域。

本书在说明时会使用非常简单的公式，但即使是高深的算式，

其原理也是相同的。

◆ 预测商品销售量

制造业、零售业等行业的企业，预测需求以及销售额非常重要。迄今为止，企业也使用过各种预测方法，但使用机器学习后精确度明显得到了提高。

比如，商店要销售广告单上的商品。在预测商品能卖掉多少时，应考虑到广告单的发放数量、销售日是周几、天气等因素，这些因素都会导致销量的变化。

影响商品销量的“因子”很多，但如果将其简化为仅限于“广告单数量”的影响，就可以根据以往的数据绘制出广告单数量和商品销量的坐标图（如下）。

发放广告单数量与商品销量的关系

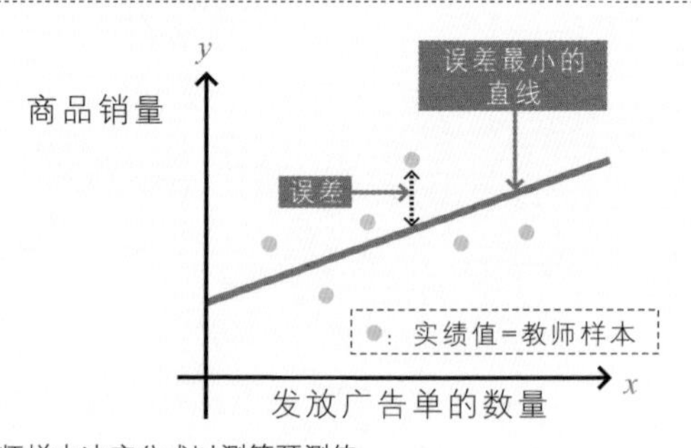

机器学习根据教师样本决定公式以测算预测值。

◆ 使用简单回归分析预测

比如，大致可以认为存在这样一种倾向：发放的广告单数量越多，销量也随之增加。图中与实际业绩误差最小化的直线，就是上页的坐标图。如果得到直线式，就可以像下图一样，输入广告单数量“x”，便可求得预估销售量“y”。这就是最单纯的“简单回归分析”手法。如果这个公式的右边有多个变量，则被称为“多重回归分析”。

在这个例子中，机器学习的“算法”指的就是这个公式，教师样本指的就是过去的业绩值。输入教师样本，这一公式的倾斜度“w”，截距“c”会自动设定。这样，机器学习通过使用公式和业绩值进行“预测”。通过教师样本决定预测公式的变量，因此在有监督学习中将其称为“学习”。

一般而言，使用机器学习预测数值时，针对对象课题首先需要选定算法，算法不合适就得不到满意的结果。在得到预想结果之前，将不断重复修正算法和教师样本。

使用简单回归分析预测

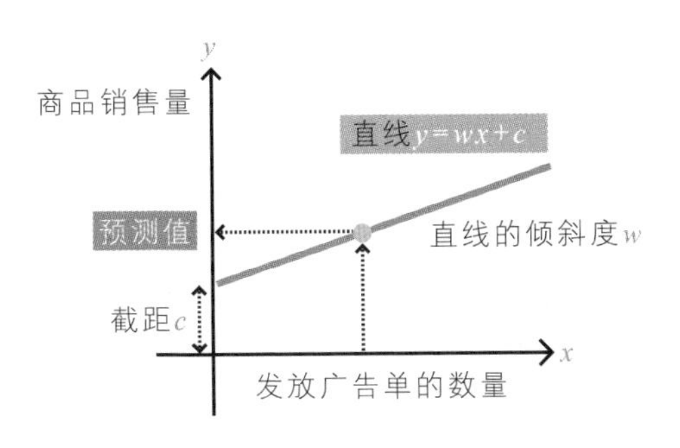

从1个变量（广告单的发放量）预测1个变量（销售量）是简单回归分析，而公式右侧有2个以上变量的是多重回归分析。

SECTION 05

分类框架

“深度学习”最擅长在图像识别和声音识别等“分类”领域发挥作用。
本书将用机器学习原理进行说明，尽管它存在已久，
却是非常重要的思考方式。

◆ 深度学习是什么？

在“分类”领域发挥作用的是机器学习方法中的“深度学习”。深度学习因在图像识别比赛中获胜而一举成名。深度学习与传统机器学习相比，在性能上拥有绝对优势，现已经超越了人类的图像识别能力。“图像识别”与“图像分类”同义，即将“猫的图像”识别为“猫”，并赋予“猫的图像”以“猫”的标签。

◆ 样本分类框架

下面将说明在机器学习中频繁使用的样本分类框架。

在这里，样本与样本的距离这一概念非常重要。下页图中样本A与样本B的直线距离被称为“欧式距离”，其距离用初中学过的毕达哥拉斯定理便可计算。而欧式距离的数值越小，样本的相似度也就越高。

在这个坐标图中只能表示2个变量，但实际样本中则有多个变量，而且计算方法相同。衡量样本相似度的标准除此之外还有“余弦相似度”和“马氏距离”等。因使用了样本相似度这一概念，所有样本都可以通过机

器学习进行分类。

这样，在有监督学习中，样本可以被分类到与教师样本相似度较高的一组，而在无监督学习中则只收集相互相似度较高的样本。

欧式距离

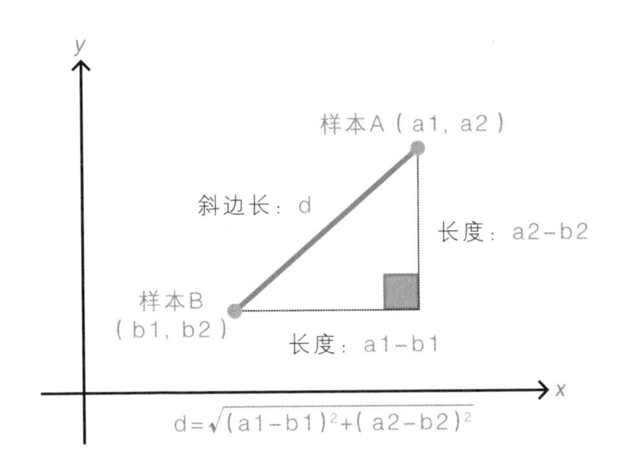

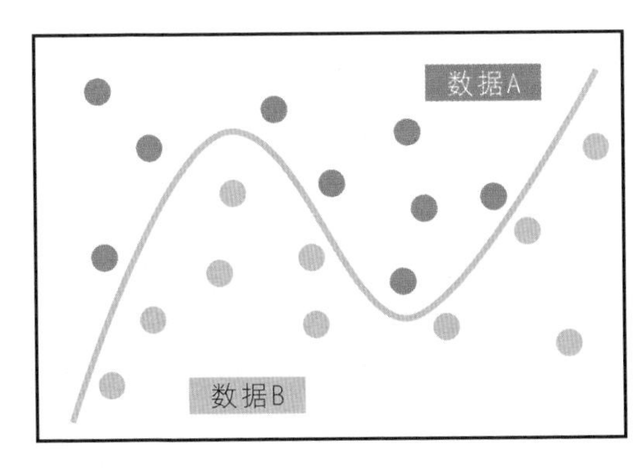

通过计算样本之间的“距离”，机器学习进行样本分类。

SECTION 06

什么是神经网络

“神经网络”是使用公式性的模型来表现生物大脑的技术，
即使在机器学习中也发展迅猛。
下面将介绍神经网络的结构。

◆ 神经网络是什么？

“神经网络”是使用数字模型表现人类大脑中的神经网络。如下图所示，脑神经网络包括神经细胞“神经元”，连接临近神经元的“突触”。大脑受到刺激时，从神经元释放出电信号，当信号超过一定数值时，就会把信号传递给由突触连接的神经元，信号不断被传送，便构成了大脑整体数百亿的神经网络。

大脑神经网络的构造

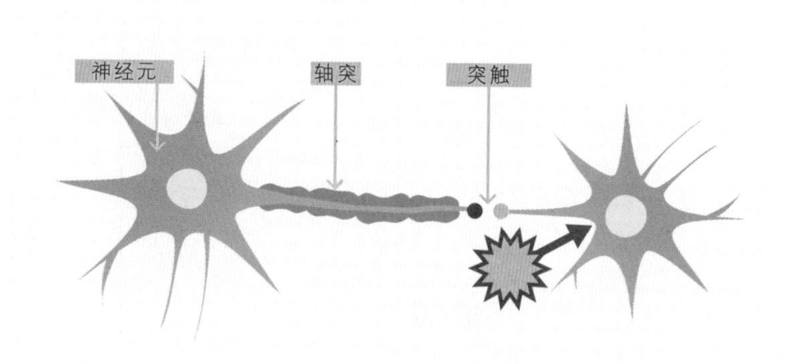

从神经元释放的电信号超过一定数值时，就会通过突触传递给临近的神经元。

在神经网络，神经元的作用被称为“节点”，突触的作用被称为“边缘”，各节点之间相互联结。节点的输出由边缘联结的前一个节点的数值和边缘的权重激活函数综合计算。这是神经网络的基本构造，被称为“感知机”。

感知机的结构

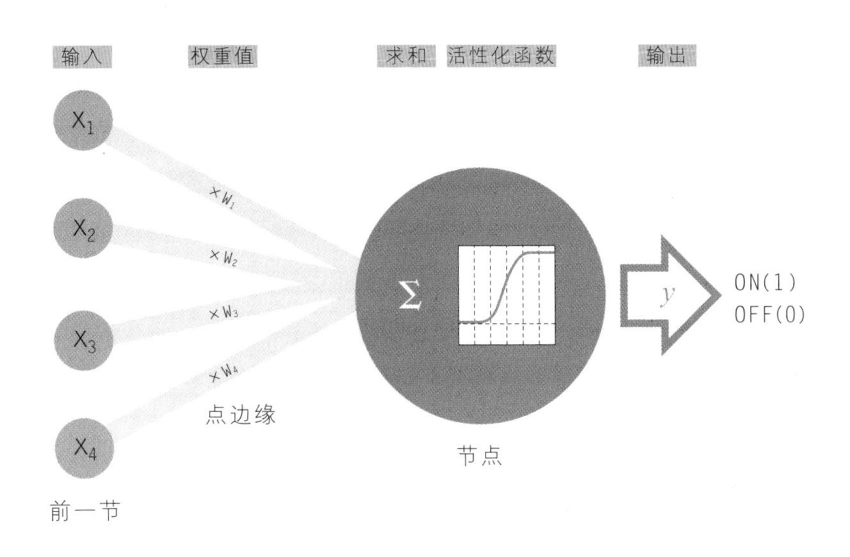

如果输入 X 权重的和超过一定值时，就会进入下一段的节点。

如下页图所示，给感知机增加隐藏层即神经网络，而使隐藏层成为多层，即将其加深，则被称为“深度学习”。

神经网络的结构

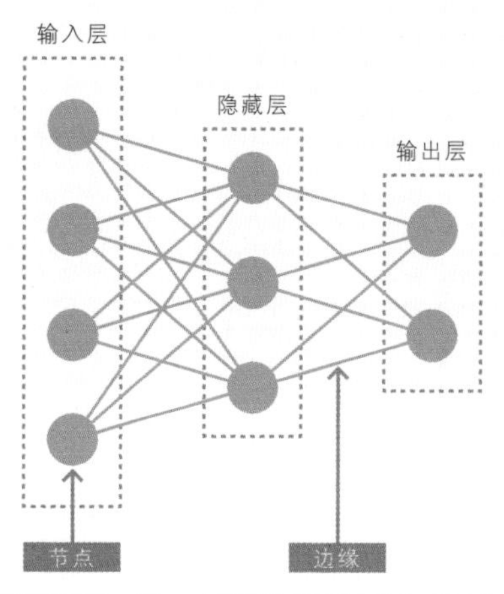

给感知机追加隐藏层的即神经网络，进一步深化隐藏层被称为“深度学习”。

◆ 神经网络的运行机制

下面介绍神经网络如何进行学习，请先看下页上图。

从左边输入的数据依次被传递就会得到最右边的输出。因为教师样本是输入值和正确答案输出值的组合，所以将各层逆向传递就可以减少网络输入值和输出值的误差，这一方法就是“反向传播”。

神经网络据此通过输入教师样本以调整边缘的权重进行“学习”。在深度学习中，隐藏层是多层的，即使是复杂的图像也能够从教师样本中提取特征值。

下图是卷积神经网络的网络模型示意图。从左侧输入的手写文字数据通过隐藏层提取文字特征值，并在最终段的输出层进行分类。图像识别和人脸识别就是通过这样的方式进行图像分类。

反向传播法

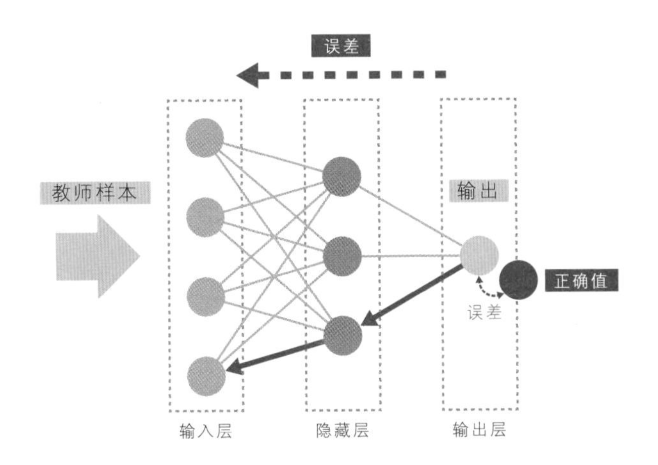

通过比较神经网络输出值和教师样本数值进行逆向返还误差值来调整权重。

提取特征值

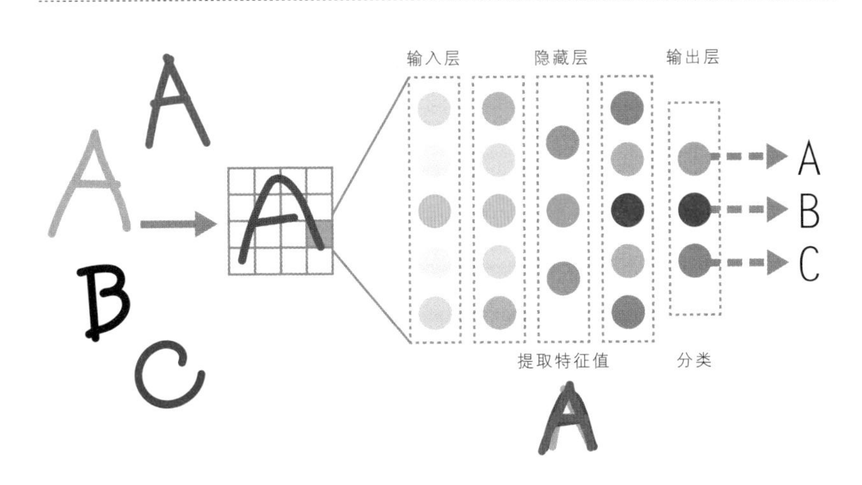

卷积神经网络通过把图像切割成矩形，提取局部特征并将局部特征加以整合来进行分类。

SECTION 07

什么是图像生成

本节介绍在人工智能方面最为热门的话题——图像生成，
尽管这一技术仍处于研究阶段，尚未实现商品化，
却不断提出各种有趣新颖的应用方法。

◆ 图像生成是什么？

2017年，深度学习研究领域中最热门的话题就是“图像生成”，即通过使用SEC.05介绍的样本相似度的思路，可以测量图像之间的相似度。

下页图为图像识别和图像生成的示意图。图像识别是指测量图像相似度，在其边界进行分类并赋予标签。图像生成则是指生成与教师图像相似的图像。通过学习将教师样本的分布与生成样本的分布达到一致，就有可能进行生成。

而以教师样本为基础，创造与这一样本相似的新样本的模型被称为“生成模型”。生成模型包括生成式对抗网络“GAN（Generative Adversarial

图像识别和图像生成的比较

图像识别

- 图像识别即将图像进行分类并赋予标签。
- 为进行分类测量图像相似度，并在其边界分类。

图像生成

- 图像生成即生成与教师图像相似的图像。
- 进行学习使教师样本分布和生成样本分布达到一致，并实现生成。

Network)”和变分编码器“VAE(Variational Autoencoder)”等多种模型。

图像识别与图像生成

●图像识别

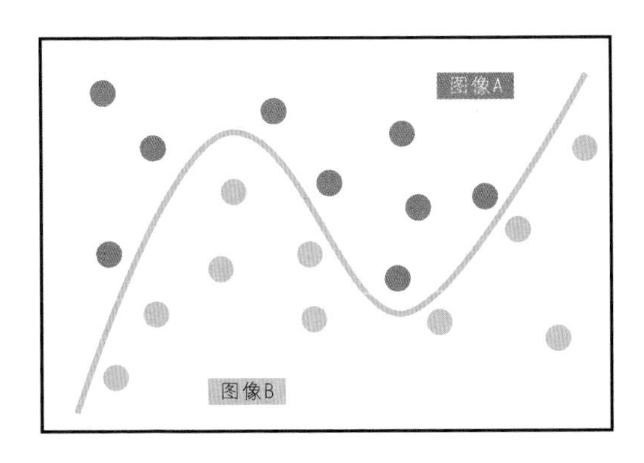

识别图像并赋予标签→为进行识别在边界划线。

●图像生成

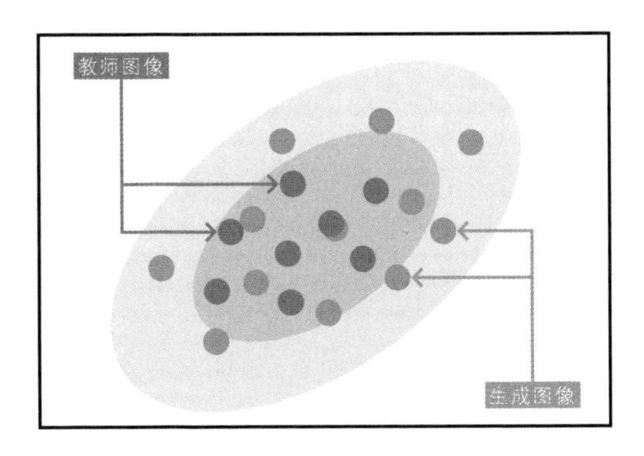

学习教师图像生成相似图像→为了使教师样本的分布和生成样本的分布达到一致而进行学习。

◆ 生成式对抗网络

在生成模型中研究进展最快的是“GAN（生成式对抗网络）”。GAN的基本思路既非常简单，又十分独特，现举例如下。

如下图所示，登场人物是假币制造者和警察。造假者制造和真币相似的假币，而警察想识破假币。技术不好的假币很容易被识破，但是造假者的技术也在提高，假币造得越发精密，警察也只能越发努力地去识破假币。相互不断切磋琢磨，最终假币真币也就越发难以辨认。

生成式对抗网络的概念

● GAN的概念图

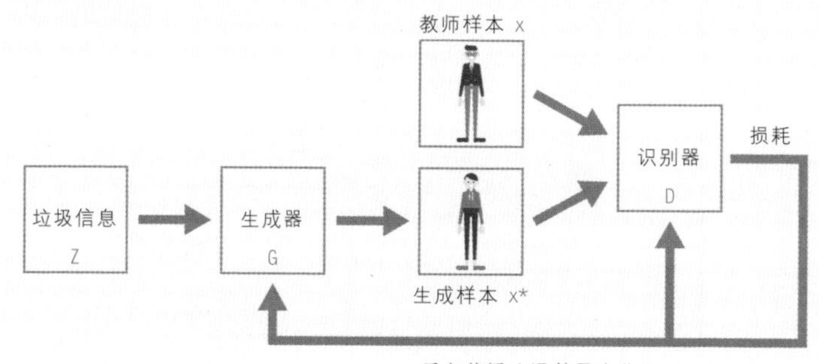

GAN通过生成器和识别器两个深度学习进行组合得以实现。

上图就是这一关系的模型图。GAN由生成器G和识别器D两个深度学习组成。生成器就是造假者，最初是垃圾信息，但随着不断学习会产生与教师样本同样的图像。识别器起着警察的作用，将识别图像是否为教师样本。最终，将生成与教师样本非常相似的图像。

◆ GAN的生成图像

在过去一年里，人们开展了各种GAN相关研究，独具特色的研究报告不断出现，令人目不暇接。其中非常有名的就是人脸图像合成。即如（戴眼镜男）–（不戴眼镜男）+（不戴眼镜女）→（戴眼镜女）一样，可以在图像间进行演算从而输出图像。

GAN的生成图像

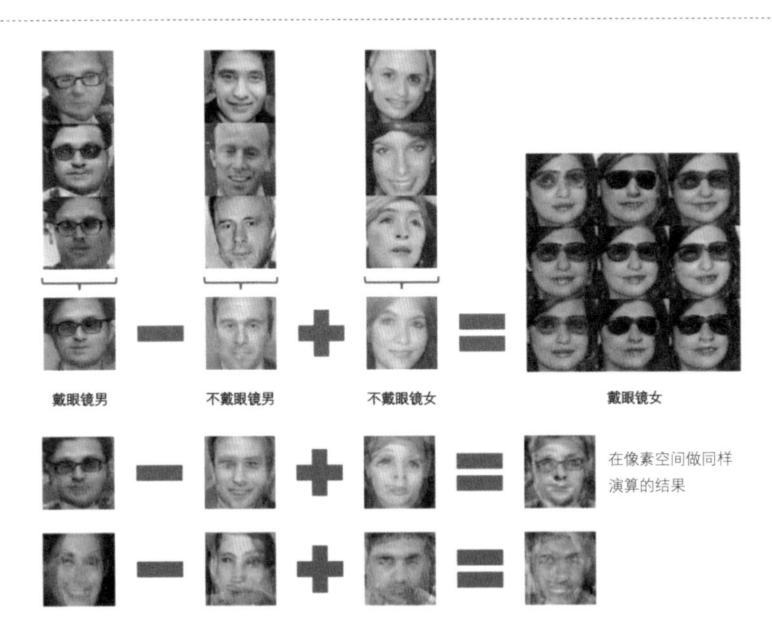

由于GAN可以在图像之间演算，因此能够创造出新图像。
※出处：Radfordetal.（2015）

自然语言处理的发展

属于人类语言研究领域的自然语言处理原本是与机器学习不同的领域。
但是，自然语言处理在吸收了机器学习的显著进步后，也得到了迅速发展。

◆ 自然语言处理

从2017年下半年起，谷歌的机器翻译精准度明显提高，已经达到了和以往机器翻译不可同日而语的水平。实现高水平翻译的是被称为神经翻译的自然语言处理技术。自然语言处理的基本思路大致如下。

电脑就是计算机，只能处理数值数据。为了让计算机可以操作语言（单词或文章），只能通过数值表现。就文字而言，即使是汉字其种类也有限，因此“Unicode”等的“文字编码”都是以一个文字为单位进行分配的。但如果是单词，按照词典的条目会有数百万以上，更何况因为文章是单词的组合，因此给全篇文章分配编码是不现实的。

传统自然语言处理

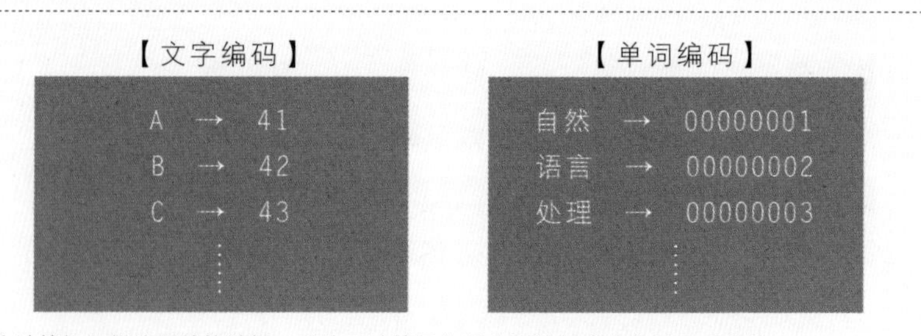

因为计算机只能处理数值数据，因此用计算机处理全部单词或文章是不现实的。

◆ 特征量的抽取

那么如何将单词或文章数值化呢？大量单词或文章数值化的关键就是“特征量”。特征量简单地说就是要学习数据有什么样的特征，并将其数值化。

因为只是把单词或文章的特征量进行了数值化，所以就可以大幅压缩数据量。这样可以区别同一文章中的其他单词，但却无法从特征量的数值中还原原本的单词或文章。

提取单词或文章特征量的方法有“N-gram模型”和“TF-IDF模型”。TF模型是通过数值表现“出现次数越多单词越重要”的直观认识。IDF模型则是“一个单词出现在文章中的次数越少，就将被赋予越高的权重”。

因此，可以算出文章含有的全部单词的TF和IDF的数值，其数值组合作为特征量可以表现文章。文章间以此相互比较，就可以按照相似度顺序排列出文章。

单词或文章的特征量

N-gram模型

相邻N单词的出现频率

★举例

this is a pen →【2-gram】this-is , is-a , a-pen → (1,1,1)

※在不考虑单词意思的情况下对文章进行分割，获取单词出现频率的模式进行统计处理。

TF-IDF模型

文章中单词的出现频率

TF-IDF=（文本中单词A的出现频率）×log（文本总数÷含有单词A的文本数）

※被多个文本横向性使用的单词并不重要，对象文章中出现频率高的单词才是特征。

神经语言模型的出现

语言、文字等自然语言是人类最常使用的工具。

当计算机可以自由自在地操作这些自然语言时，世界就会变得格外方便。

◆ 日语的语言处理

为了让计算机处理日语文章，首先需要分割单词。这就是下图被称为“词素解析”的处理方式。

词素是指使语言拥有意义的连贯单词的最小单位。迄今为止，如果要进行机器翻译或总结文章，则有必要在进行词素解析后依次进行文章的结构解析→意思分析→逻辑关系分析。

词素解析

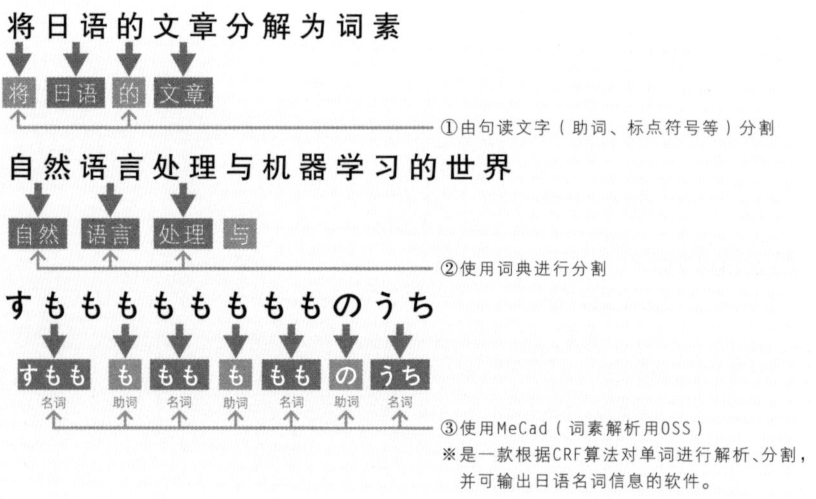

将日语的文章分解为词素

将 | 日语 | 的 | 文章

①由句读文字（助词、标点符号等）分割

自然语言处理与机器学习的世界

自然 | 语言 | 处理 | 与

②使用词典进行分割

すもももももももものうち

すもも（名词） | も（助词） | もも（名词） | も（助词） | もも（名词） | の（助词） | うち（名词）

③使用MeCad（词素解析用OSS）

※是一款根据CRF算法对单词进行解析、分割，并可输出日语名词信息的软件。

但近年来，随着将神经网络的思路纳入自然语言处理的神经语言模型的出现，情况发生了变化。神经网络的核心是用矢量和排列表示的连续值，但语言不是连续值而是“符号”。通过将符号转换成连续值的矢量，距离和演算就会成为可能，这就是“分布式表示”的概念。

单词的矢量化

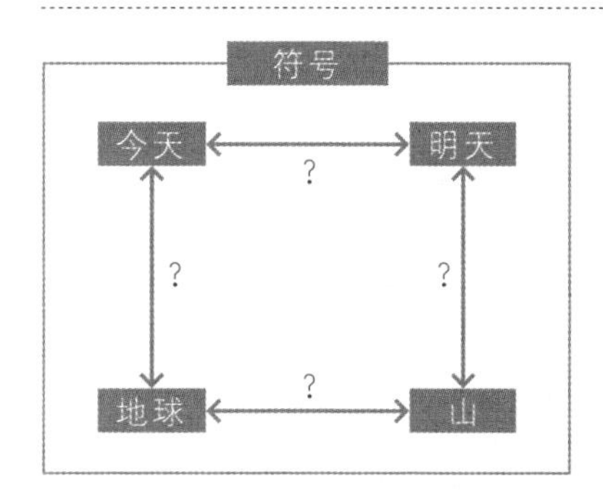

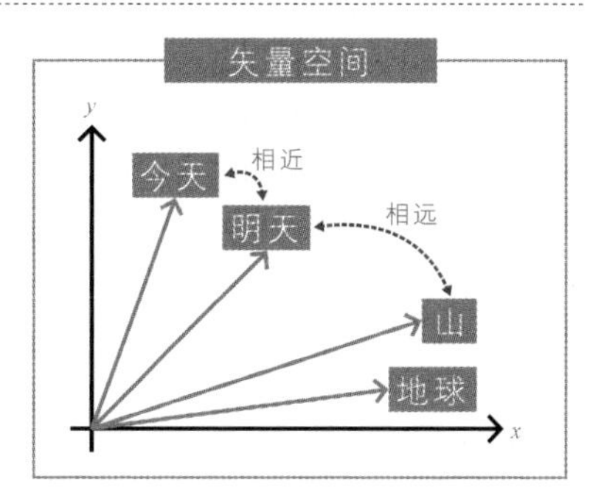

通过分布式表示自然语言，就如同深度学习在图像领域取得成功一样，单词和文章之间也可以测试相似度了。

谷歌的机器翻译被称为神经机器翻译，它是基于以下认识，即“单词的意思由这一单词的使用环境的逻辑而定”。在这里神经网络也使用了时间序列的“RNN（循环神经网络）”网络模型。将经过分布式表示的单词放入RNN的输入层，就可以从这个单词的前后单词列中很精准地推测出这个单词的意思。

分布假设

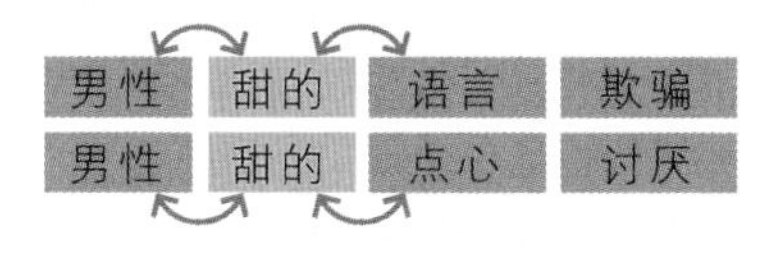

语言的含义并非只有一个，而是根据前后语言（逻辑）决定。

SECTION 10

学习价值最大化的强化学习

近年来，飞速发展的强化学习已经逐渐从研究领域走向应用领域。
其潜力巨大，毫无疑问将成为令人关注的技术。

◆ 强化学习是什么？

序章中介绍的“AlphaGO Zero”完全不使用人类棋谱，只学习了围棋规则，却对第一代阿尔法狗全战全胜，它所使用的就是在SEC.02中提到的“强化学习”算法。

强化学习可以用下一页的图加以说明。图中智能体正在寻找去往迷宫最短距离的路线。第一次，在迷宫中朝着终点随意行动。第二次也是随意行动，但比第一次所需时间缩短就加分，延时则减分。第三次也会在前一次的成绩基础上，为改善成绩进一步寻找最短距离。这样一边反复试错，一边调整参数寻找最佳方法。强化学习即使没有教师样本，也可以通过给予奖励来推动学习。

强化学习的方法

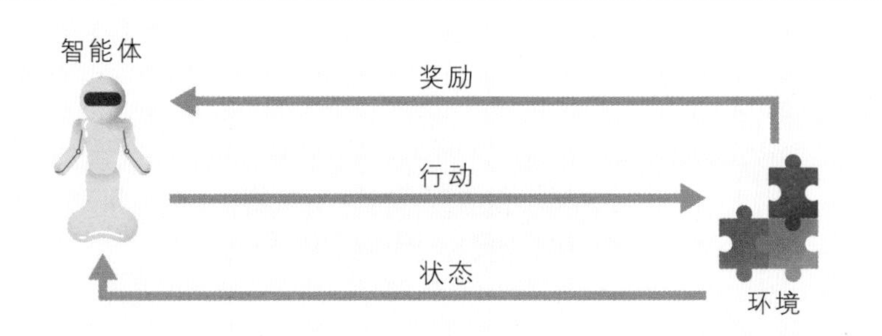

◆ 强化学习并不是魔术般的技术

由于强化学习与大脑的学习机制相似，并且已经可以通过与深度学习的组合来解决难题，因此近年来备受瞩目。

强化学习对于解决寻找最短路径和游戏攻略等没有明确及正确答案的问题十分有效。但是，正如最短路径就是"距离短"、游戏就是得到"高分"一样，需要一个是否已接近最终目标的判断标准。

仅靠这些介绍，会让人觉得强化学习是一种魔术般的技术，实际应用中却充满种种困难。比如，在围棋或将棋等被称为完全信息的游戏中，由于选手可以完全掌握游戏的所有信息，因此就可以评估博弈局势。但是，在扑克牌或麻将等不完全信息的游戏中，选手就无法进行正确评估了，而现实空间中更是存在着众多不明确的因素。但即便如此，与深层强化学习有关的各种研究因其巨大的潜力仍在推动之中。

强化学习的案例

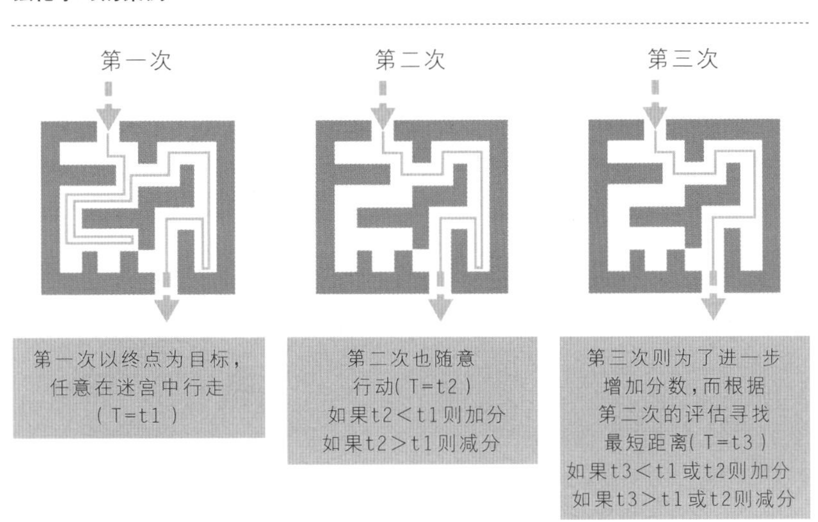

强化学习能够围绕迷宫反复试错，寻找出最短距离。

SECTION 11

深度学习的弱点

为了将深度学习运用于实际，就需要大量的教师样本，
为弥补这一弱点的技术也已开始了实用化的进程。

◆ 深度学习的弱点

如前所述，深度学习在图像识别方面已凌驾于人眼。但是为了提高识别率，需要多达数十万的教师样本。如果教师样本不足，就会陷入“过拟合”状态而无法很好地进行学习。

过拟合是非常麻烦的状态，即只有教师样本才能给出正确答案。这种状态就像学生临阵磨枪一样，即使把课本全部背下来，考试时一遇到稍微灵活古怪的应用题也会束手无策。

教师样本不足就无法学习

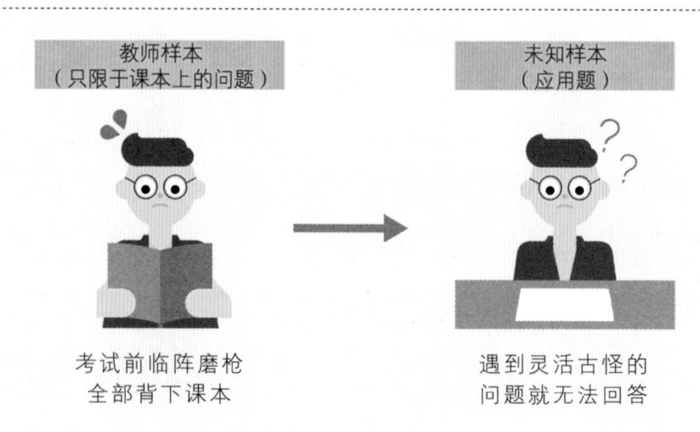

如果偏重教师样本，对未知样本的识别能力就会下降。

◆ 过拟合案例

下图就是在机器学习中过拟合的模拟图。黄点是教师样本，曲线表示学习结果。过拟合是指尽可能忠实地追踪教师样本导致进入曲线多项式变数过度增加的状态，因此在没有教师样本的地方就会产生严重误差。而在机器学习中，人们会通过减少变数、调整参数来解决过拟合问题。

深度学习中，正如努力的学生还要学习应用题一样，如果没有大量的教师样本，就不可能解决过拟合问题。但实际上，很多情况下不可能准备数十万、数百万的教师样本，这样，连深度学习也无法使用了。

但是，被称为稀疏建模的新AI技术与深度学习不同，可以在没有大量样本的情况下也进行学习。下文将介绍稀疏建模的基本情况。

机器学习中的过拟合

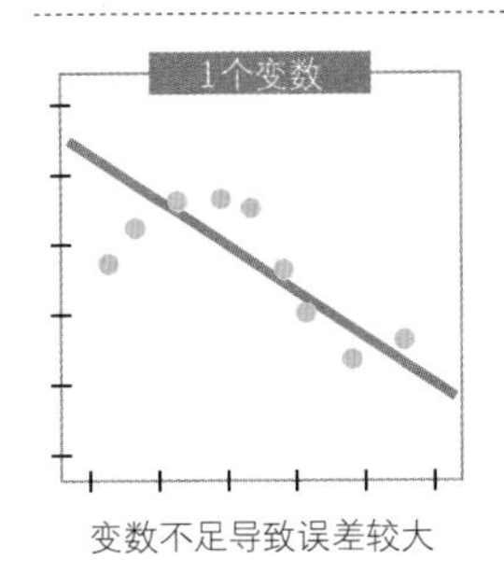

变数不足导致误差较大

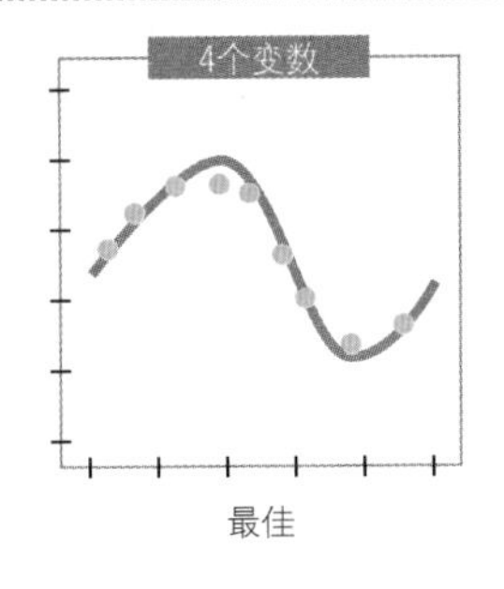

最佳

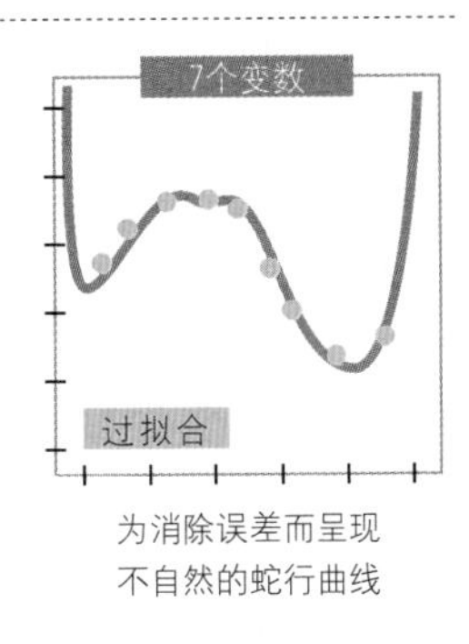

为消除误差而呈现不自然的蛇行曲线

即使100%正确预测了教师样本，也不可能准确预测未知样本

过拟合

只能准确预测教师样本，却无法准确预测未知样本的状态被称为过拟合。

弥补样本不足的稀疏建模

"稀疏建模"这一新的AI技术作为弥补深度学习缺点的技术登上了舞台。
尽管这项技术还没有多大的知名度，但却前途无量。

◆ 什么是稀疏建模

本书将避免讲述稀疏建模的详细原理，只通过举例予以说明。据说认识2000个英文单词就可以会话了，但是如果仅用这2000个简单词汇写文章，在表述上无论如何都会烦琐，使文章变得冗长。比如，如果不知道"智能手机"这个词，那么就需要进行诸如"可以通过按键操作、制造的与计算机相似的移动电话"的长长说明。而如果知道了专用词汇等数十万个单词，就可以简洁地进行表述。

与此相同，稀疏建模通过自动选择"恰当特征量"实现即使样本量少也可以学习的目的。那么，是不是可以说稀疏建模在所有方面都比深度学习优越呢？并非如此，与自动抽出特征量的深度学习相反，稀疏建模必须准备具有众多特征量的样本。也就是说，各种样本的特性不同，各有千秋。

深度学习与稀疏建模的不同

深度学习	稀疏建模
・自动抽取特征量 ・必须大量样本 ・如果样本数量较少，则会引发过拟合，无法顺利学习	・可以从较少的信息中复原样本 ・自动选择学习参数 ・必须有众多特征量作为候选

◆ 稀疏建模的运用案例

下图为稀疏建模的运用案例。如果要通过核磁共振（MRI）获得鲜明的影像，检查时间无论怎样都会很长，这对于在检查中不能活动的患者来说是很大的负担。但是通过使用稀疏建模，即使只有在短时间内获得的少量影像数据，也可以从中得到鲜明的影像。

稀疏建模的实用化还处于刚刚起步的阶段，今后有望不断取得进展。

稀疏建模的运用案例

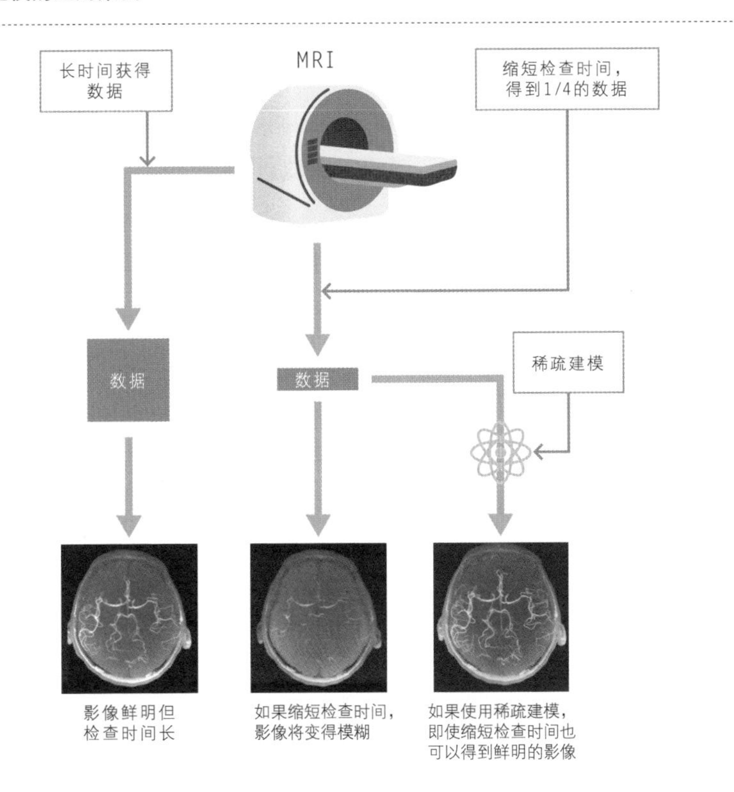

稀疏建模具有弥补深度学习缺点的特点。

※出处：京都大学大学院医学研究科 放射线医学讲座（影像诊断学）

专栏 | 人工智能小语①

天才艾伦·图灵的荣耀和悲剧

艾伦·图灵

发明破译密码机器

Enigma 密码机

1954年，艾伦·图灵被发现拿着毒苹果死在了自己的家里，这是他因同性恋被定罪后的事情。

1936年，图灵提出了“万能图灵机”的重要概念，即如果机器从一条纸带上按照顺序读取指令，就可以完成各种任务，这就是计算机的基本系统结构。

第二次世界大战中，为了破解当时号称不可能被破译的德军Enigma密码机，图灵发明了密码破译机。破译机制造了200多台，正确掌握了德国海军U型潜艇的位置。这一成果还帮助盟军在诺曼底成功登陆，并大幅度提前了战争结束的时间。战争结束后，英国政府对破解了Enigma密码机一事严格保密，图灵的贡献也从历史记录中被抹去。随后，英国将数千台Enigma密码机作为不可能被破译的密码机普及到前英国殖民地，并秘密监听这些国家的通信，掌握各国的实情。直到1974年解密之前，英国老百姓没有人知道图灵的丰功伟绩。

1950年，图灵提出了著名的“图灵测试”。1952年因当时同性恋处于违法状态而被捕。警察不知道图灵是第二次世界大战的英雄。在法庭上，图灵没有进行一句申辩，被判有罪，最终自杀。图灵的梦想——创造出与人脑一样可思考的电子人脑——在他41岁结束自己的生命时也随之逝去了。

PART

2

人工智能商业的诞生

SECTION 13

人工智能商业的市场

利用人工智能的人工智能商业刚刚诞生，市场规模仍然很小。
但在数字革命的大潮中，今后有望快速发展。

◆ 人工智能商业的日本国内市场

根据2018年1月富士总研的调查报告，2016年日本人工智能商业市场规模为2704亿日元，预计到5年后的2021年增长4倍达到11030亿日元，2030年将增长7.5倍达到20250亿日元。

截至2016年，市场以销售以往即已存在的、使用机器学习“数据挖掘技术”和“文本挖掘技术”等与数据分析相关的软件为主。2017年后，大企业开始使用神经网络、被称为PoC的概念验证。

但是到了2018年，市场上依然没有装载神经网络的人工智能产品。这是由于在如何使用人工智能技术的问题上，企业还处于不断试错的状态。但可以预测，2018年后这种状况将逐步发生变化，装备人工智能技术的服务和产品将陆续投放市场。

正如第一篇所介绍的，人工智能技术以机器学习为基础不断发展，但并不是单一技术。实际上人工智能技术种类繁多，有必要选择与商业对象相适应的技术。

本章介绍将在什么商业领域利用什么人工智能技术。但是，日本媒体出现的服务和产品一大半还处于概念验证（PoC）阶段，达到商品化水平尚需时日。为此，本书所举的多为实用化之前的应用事例。

人工智能商业的国内市场（日本）

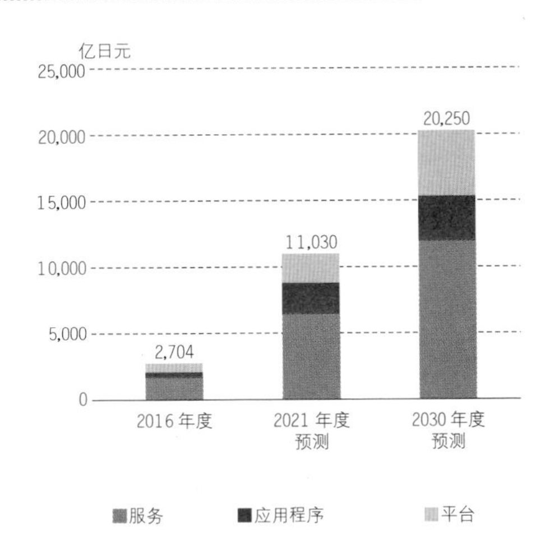

人工智能商业的市场规模预计2030年将达到现在的7.5倍。
※出处：株式会社富士总研

行业动向

	2016 年度	2030 年度
制造业（工程）	265 亿日元	1540 亿日元
制造业（组装）	383 亿日元	2240 亿日元
金融业	813 亿日元	5860 亿日元
公共 / 教育业	169 亿日元	1920 亿日元

通过各行业动向可以发现，2016年金融业所占比例较大，也有较多的资金投资，但由于概念验证的长期化，因此预计实用化还需要时间。
※出处：株式会社富士总研

什么是自动驾驶汽车

媒体报道最多的人工智能应用就是自动操作汽车驾驶的自动驾驶汽车。
无人驾驶汽车还需要时间。但其中一部分功能已经进入了实用化阶段。

◆ 自动驾驶汽车

最值得期待的人工智能技术恐怕就是自动驾驶汽车了。如果实现了完全自动驾驶，将会对社会产生重大影响，并将推动各个领域的改革。不仅仅是公共交通和物流等社会基础设施，正如智能手机改变了人们的行动模式一样，很多人的生活方式也将发生变化。但是，实现这一目标还需要时间，这是因为要做的不仅仅是技术开发，还有必要进行配套的法制建设和道路等社会基础设施建设。

下表是有关自动驾驶水平的国际统一定义。现在世界汽车企业处于第三等级的概念认证阶段。日本政府计划2020年前在指定地区实现第三等级的自动驾驶汽车上路。

自动驾驶水平表

	定义	责任	系统
第一等级	自动驾驶系统将控制转向装置、加速装置和制动装置中的任意一项，驾驶员将控制除此之外的所有装置的操作。	驾驶员	安全驾驶支援系统
第二等级	自动驾驶系统将控制转向装置、加速装置和制动装置中的任意复数项，驾驶员将控制除此之外的所有装置的操作。	驾驶员	准自主自动驾驶系统
第三等级	自动驾驶系统将控制所有的驾驶操作。驾驶员只在系统提出要求时进行应对。	驾驶员 自主驾驶状态下	
第四等级	自动驾驶系统将控制所有的驾驶操作。 驾驶员不参与驾驶。	系统	完全自动驾驶系统

完全自动驾驶系统

※出处：美国汽车工程师学会（SAE）资料

◆ 为了实现安全驾驶的社会

日本政府将自动驾驶定位为“为无交通事故社会提供支援的技术”，设定了地图、通信、社会接纳度、性能安全性等多个项目加以推动。

国土交通省认为，为了“实现安全的汽车社会”，有必要进行“人、车、路”的三位一体发展，并为此推动被称为动态地图的社会基础设施建设计划。这个动态地图的设计目的并不单单是自动驾驶使用的道路地图，而是更为广义的，它应与通信技术组合，收集并自动更新从车辆随时发出的数据，以及在基础设施的维护管理、防灾等方面也发挥作用。

为了安全、自律性地自动驾驶，车辆自身正确地定位和认知周边环境就很重要，为此动态地图十分必要。

实现未来汽车社会的努力

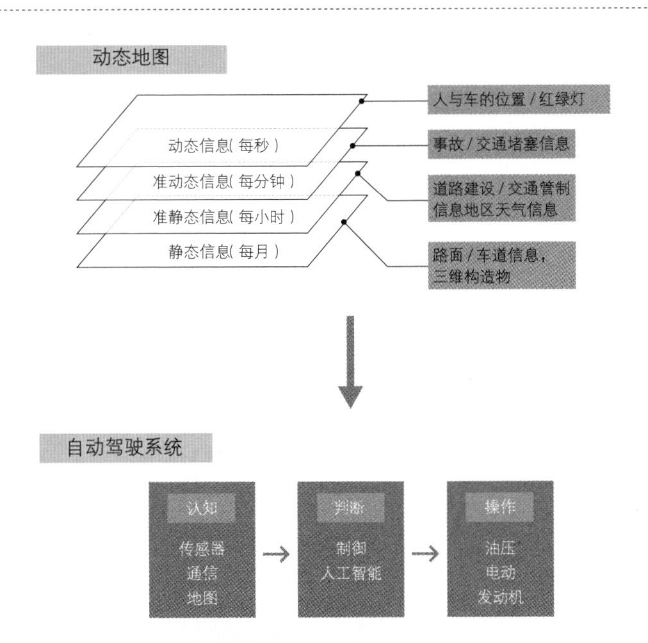

为了实现安全的汽车社会，有必要“人、车、路”三位一体发展，为此需要动态地图。

自动驾驶汽车技术

汽车业界拥有巨大的经济圈，是近年来日本重要的支柱产业。
为此，对自动驾驶汽车人们不仅投入了人工智能技术，
也投入了所有最新的技术。

◆ 自动驾驶汽车使用的技术

下页图是自动驾驶系统的模型图。控制系统位于中心，在这里除了驾驶员的驾驶信息以外，还将处理大量用于探知外界的厘米波雷达、激光扫描仪、超声波传感器等各种传感器信息、摄像头的影像信息和GPS定位信息等。甚至还要加上从接近车辆、红绿灯和道路等接收到的拥堵等通信信息。

控制系统必须从数据储存器的动态地图中获取地图信息，并对这些信息进行处理，进而判断周围状况，随后控制方向盘、刹车、发动机等执行器。

◆ 车・人协调不可或缺的人机界面（HMI）

人机界面（以下简称HMI）是指通过显示器、警告音等向驾驶员传递适当的汽车驾驶状况信息。在自动驾驶的第三等级阶段，驾驶员的手离开方向盘脱手驾驶。如果出现系统无法驾驶的情况，就有必要让驾驶员重新驾驶，但这种情况下HMI传递的信息与手段就十分重要。

比如，在自动驾驶中驾驶员睡着时，即使显示器显示信息也无法传递给驾驶员，因此需要有提醒功能。为此就必须随时监视驾驶员的状况，自动驾驶需要连续工作直到驾驶员接手驾驶为止。

这种自动驾驶系统的控制装置如果无法高速处理数据来控制车辆，则无法实现安全驾驶。

自动驾驶系统的技术

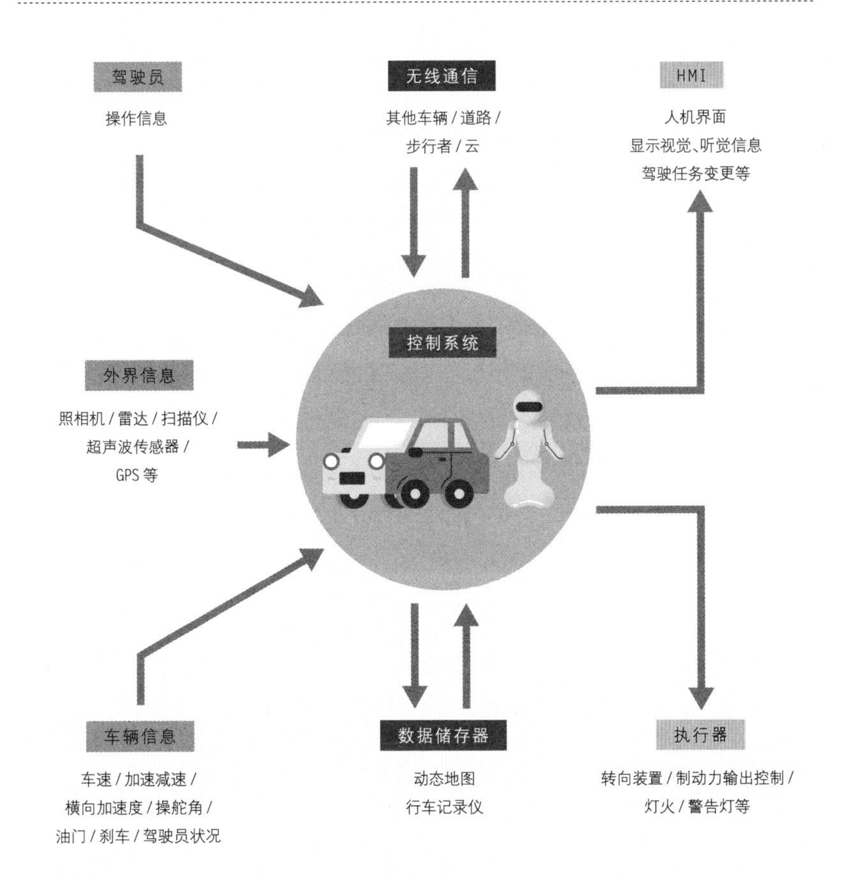

为实现安全自动驾驶使用了各种各样的最新技术。

自动驾驶汽车的人工智能技术

最初的深度学习由于验算量大需要数周时间才能得到结果。
而到了今天，深度学习已经具备了可以用于自动驾驶的瞬间判断能力。

◆ 自动驾驶与深度学习

人工智能技术可以用于自动驾驶系统的什么地方呢？在SEC.01中已经提到，现在的机器学习已经实现的功能是预测、分类和执行。自动驾驶属于“执行”阶段，其主要功能就是“判断”。即深度学习可以被用于综合判断周围状况和车辆信息，向执行器发出指令的极其高端的功能。

如果自动驾驶汽车的控制系统要通过以往的软件实现，就需要在设计时考虑到驾驶时的所有情景。由于像高速公路这样的固定环境可以预测，因此目前在一定程度上容易实现自动驾驶。但是在一般的公路上，由于世界上有各种各样条件恶劣的道路，因此很难在设计时就全部考虑到。

正如SEC.03中说明的，深度学习可以从数据中进行学习。为此，汽车企业在世界各地的道路上行驶数百万公里来收集数据。不仅仅是道路信息，还需要夜间、雨天、雪天、暴风雨等所有气象条件下的数据，将试图通过庞大的行驶条件让深度学习进行学习，来实现自动驾驶。

但实际上，一辆汽车搭载的设备受到尺寸和成本的限制，是无法像现在各厂商试验车使用的那样，搭载数百万日元的高精度激光雷达，通过昂贵的计算机进行控制的。

◆ 搭载最尖端技术的特斯拉汽车

据说世界上最先进的自动驾驶汽车是著名电动汽车生产厂家特斯拉的产品。特斯拉2017年款搭载了8台摄像机和12个超声波传感器，价格超过1000万日元，但仍没有实现完全自动驾驶。

2018年推出的Model3以500万日元左右的低廉价格广受欢迎，但因量产出现问题，日本2019年之后才接车。

今后，在特斯拉席卷市场之前，现在的汽车企业应该会很快推出与之抗衡的车型。

特斯拉汽车搭载的技术

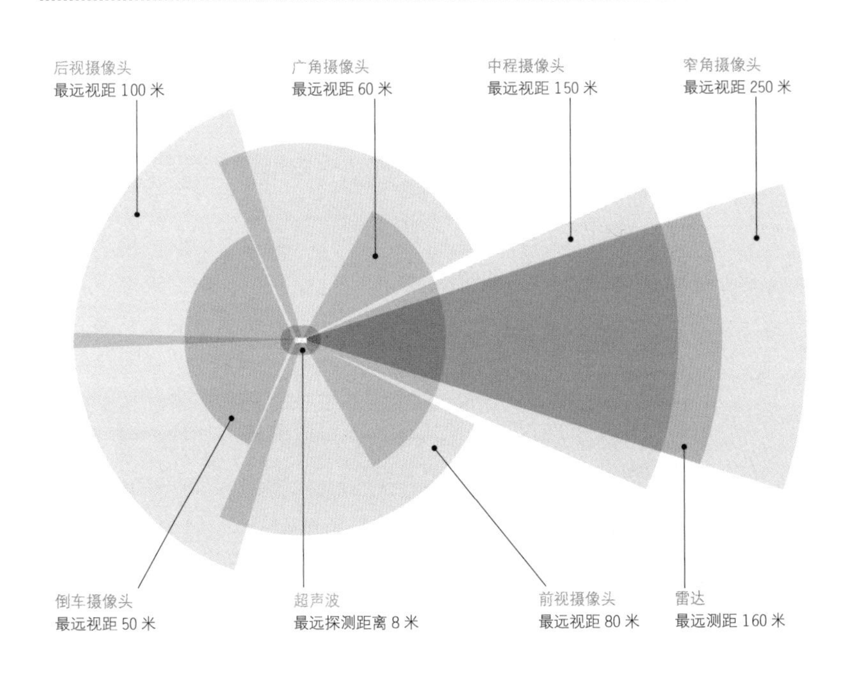

特斯拉搭载了多个摄像头、雷达、超声波传感器等传感器，根据不同特性分别使用。

自动驾驶汽车亟待解决的问题

在自动驾驶汽车的最终阶段，即无驾驶员驾驶阶段，
还有很多仅仅依靠技术无法解决的问题。
在自动驾驶汽车发生事故时谁应负责的问题上也没有清晰的规定。

◆ 自动驾驶汽车的问题

尽管自动驾驶汽车看似发展顺利，但却存在着驾驶员脱手驾驶时注意力分散的大问题。

2016年5月，在搭载自动驾驶功能的特斯拉汽车驾驶员死亡事故中，驾驶员处于完全放手不管的状态，事故发生时他正在看DVD。当时，由于日照十分强烈，自动驾驶功能没能识别出白色卡车，因而没有制动，导致直接与卡车相撞。

此外，在2018年3月发生的自动驾驶汽车的第一次人身事故中，行人被汽车碾压身亡。导致这次夜间事故的是美国优步公司（Uber）用于开发无人自动驾驶的试验车辆。车辆中尽管有同行的试车员，但似乎没有采取刹车等任何措施。调查结果显示监测到了突然横穿马路的受害者，因此并不是车辆硬件的问题。

导致事故的原因是软件没有判断出应该躲避监测到的物体。但是，如果提升安全判断等级，那么驾驶中将频繁停车，无法达到舒适驾驶的目的，因此，安全等级的判断实际上非常困难。

据称，汽车事故的大部分原因在驾驶员一方。日本已经进入老龄化社会，老年驾驶员导致的事故正成为社会问题。长期以来，汽车企业追求“Fun To Drive”，即驾驶员将驾驶视为愉快之事，致力于脱手驾驶的开发。但实际上，今天大部分年轻人对驾驶本身就没有兴趣。

◆ 自动驾驶事故谁负责任

对于系统和驾驶员而言都有“高不攀低不就”之感的脱手驾驶在发生事故时，驾驶员将承担责任。尽管不可能实现100%安全的自动驾驶，但笔者认为，如果能够以比驾驶员平均事故率更低的数值实现安全驾驶，就应该从脱手驾驶转向由系统承担所有责任的完全自动驾驶。

20世纪60年代有一个被称为“电车难题（Trolley Problem）”的思维实验。无法控制的有轨电车快速冲向有5名工人在的轨道，但有一个拉杆可以将电车切换到另一个只有1名工人在的轨道，这时应不应该切换？如果为救5个人而不得不牺牲1个人，你会拉这个拉杆吗？

自动驾驶汽车将会遇到很多面临这种判断的情景。比如正在行驶时眼前的道路突然塌陷，这时应该向着很多人来来往往的人行横道急打方向盘，还是驾驶员继续直行做出牺牲呢？

美国《科学》杂志进行的大规模调查显示，大部分人认为“如果可以救多数人的生命，那么牺牲1个人、2个人的生命也是无奈之举”。但如果自己是驾驶员时，大多数人就认为“不想坐为了救10名步行者性命而牺牲自己的自动驾驶汽车”。

正是由于存在这个悖论，因驾驶员的选择导致的交通事故受害者无法减少，所以才产生了自动驾驶汽车迟迟无法面世的情况。

电车难题

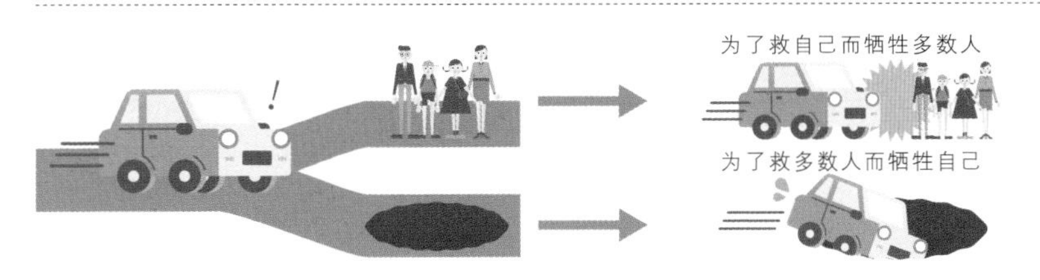

自动驾驶一定会遇到必须在事关众多生命生死时做出判断的情况。

健康产业利用人工智能

进入老龄化社会的日本正在为社会保障开支的增加而苦恼。
解决这一难题的方法之一就是将人工智能技术运用于健康产业领域。

◆ 健康产业领域利用人工智能

最早探索运用人工智能技术的是医药、药品研发生产等健康产业领域。这是由于健康产业中深度学习所擅长的高精度影像识别能力备受期待，且这一领域研发经费十分充裕。

目前，医疗领域主要在以下3个方面开始应用人工智能技术。

健康产业中应用的人工智能

医疗影像解析

通过深度学习分析X光、CT、MRI等医疗影像，迅速判断出病变部位。

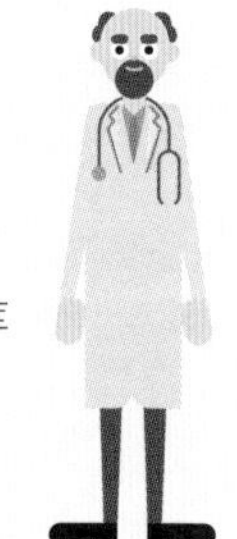

为诊断提供支持

使用自然语言处理的方法从大量医学论文和医疗信息数据库中总结出临床知识，为诊断提供支持。

药品研发

使用深度学习方式实现药品研发候补化合物筛选的效率化，与机器人实验组合的诊断标准品(marker)的自动探索等。

◆ 如何利用人工智能

下文将简述与医疗相关的3个领域是如何利用人工智能的。

首先是“医学影像解析”领域。日本X光*、CT**、MRI***等领域的普及在世界上名列前茅，可谓医疗影像大国。但同时，放射诊断医生数量严重不足，如何减轻做出影像是否异常诊断的“阅读”负担是一个重要课题。而在这一领域，应用人工智能的尝试十分活跃。

在影像识别能力方面，深度学习已经超过了人类。在这方面，从X光、CT影像中抽出被怀疑患癌部位等阅读影像的支援工作已经开始。详细内容将在SEC.19中予以说明。

其次是“支持诊断”领域。医学知识每5年就有一半趋向过时，同时不断补充数量庞大的医学信息。为此，实际上大部分医生无法收集最新的医学知识，而世界上医疗相关信息的数据库众多，搜索起来也非易事。

为此，使用自然语言处理方式自动处理和整理世界医疗信息和论文的大数据，为诊断和治疗计划提供支持的工作正在启动。详细内容将在SEC.20中予以说明。

最后是“药品研发”领域。发明一种新药需要1200亿日元以上的研发费用和10年以上的研发时间，尽管日本是世界上屈指可数的新药研发大国之一，但越来越多的医药品企业正难以继续承受巨额研发费用的负担。

为此，使用机器人的实验与人工智能相组合的药品研发支持工作已经起步。此外，自动搜索诊断标准品、个性化医疗的低成本化等也在探讨之中。详细内容将在SEC.21中予以说明。

* X光，一种有能量的电磁波，医学上用X光来投射人体形成影像，辅助诊断。

** CT，即电子计算机断层扫描，可用于多种疾病的检查。

*** MRI，即磁共振成像，是断层成像的一种。它利用磁共振现象从人体中获得电磁信号，并重建出人体信息。

解析医疗影像

在健康产业中，可以充分发挥深度学习特长的影像解析是非常值得期待的领域。但由于牵扯到人的生命，因此实际应用还非常困难。

◆ 医疗影像解析的运用案例

让我们看一例医疗影像解析具体运用人工智能的事例。

根据厚生劳动省的资料，截止到2016年的10年里，CT、MRI检查数量增加了49%。而且单次拍摄的数量猛增，10年前以16张为主流，而现在高性能的仪器可以拍摄320张。为此，阅读影像的工作量急速增长。

为了通过深度学习从CT和MRI等影像中检测出异常情况，首先需要进行学习，为此必须准备教师样本，即大量已经诊断过的影像。如何得到大量优质的诊断过的影像是利用深度学习的关键。

CT、MRI的现状

随着技术的进步，CT、MRI单次拍摄的图像数量（摄影的切片层）从16张猛增到320张

一次检查产生大量图像，成为专业医生的沉重负担

为了不断减轻专业医生的负担，进行正确且高效的诊断，需要利用深度学习。

◆ LPixel公司的下一代医疗诊断支援技术

2017年末，东京大学创办的风险企业LPixel与日本国立癌症中心等医疗机构合作推出了脑MRI、胸部X光、乳腺MRI、大肠内视镜等医疗影像诊断支援系统EIRL。据称EIRL使用了通过医生双重检查、三重检查确保品质的学习样本。

此外，日本国立癌症中心与NEC2017年7月推出了利用人工智能的即时内视镜诊断支援系统。这一系统可以在大肠内视镜检查中即时发现99%左右的早期大肠癌和息肉。现在的大肠内视镜检查中，尽管因医生的水准有所不同，但出乎意料的是很多病变都没有被发现，有的报告甚至指出24%的息肉没有被检查出来。

通过利用这一系统，不依赖医生的技术就有可能进行即时自动检测。现阶段正处于用于药事申请的临床试验阶段，距离实际应用还有一段距离。

下一代医疗诊断支援技术EIRL（胸部X光）

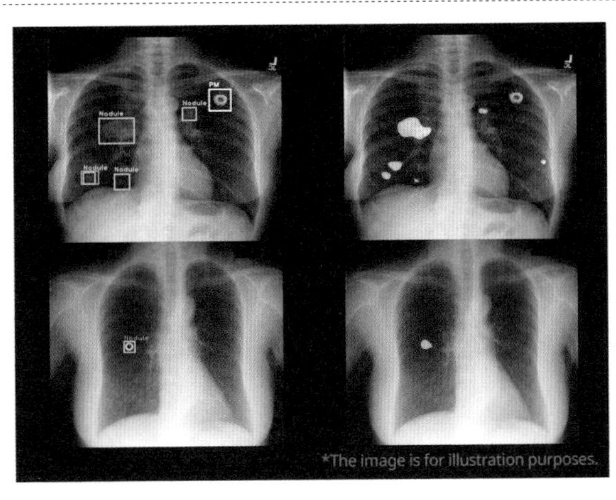

该技术通过学习影像专业医生对胸部X光片的专业知识，以达到从一张图像中发现应确认的若干问题点，提高影像识别效率的目的。

※出处：EIRL（https://eirl.ai/）

诊断支援

人工智能可以为医疗现场的医生对不了解的疑难病症做出诊断以及制定治疗方案等提供支援。这一领域和医疗影像解析一样受到期待。

◆ 减轻医生负担的诊断支援

如SEC.19中所述，医生不可能阅读所有有关生命科学的论文。为此，需要为医生进行诊断提供支援系统。

作为诊断支援的案例，稍前的2016年8月，东京医科大学研究所宣布，IBM的Watson（沃森）系统用了10分钟左右检索出特殊白血病患者的病名从而挽救了患者的生命。

Watson一般被很多人称为IBM的人工智能，基本上就是使用通过自然语言处理得到的统计数据与概率的问答系统。在这次临床研究中，系统收集了2000万份以上癌症领域的相关英文论文，在对疑难白血病患者的诊断中发挥了积极作用。不清楚治疗方法的医生通过将患者的基因数据输入系统，就可以了解到可能性大的病名和治疗方法。在日本，这是人工智能挽救了患者生命的第一个病例。但是，由于Watson没有使用神经网络，日语文献也非强项，因此最近没有听说在日本取得新的业绩。

现在，日本某国家机关正在构筑以东京大学为中心的高速病症检索系统。这一系统将东京大学医院的电子病例信息进行匿名化处理后作为病症数据库，使用分析引擎从这一非结构化的大数据中提供类似病症患者的检索服务。

此外，最近健康产业用的穿戴式设备正在增加，今后从这些设备中不断积累日常重要数据、通过人工智能进行解析的服务也在启动。这些动向在幕后推动了劳动厚生省从2017年开始缓和长期以来对远程诊疗的严厉态度。

东京大学的高速病症检索系统

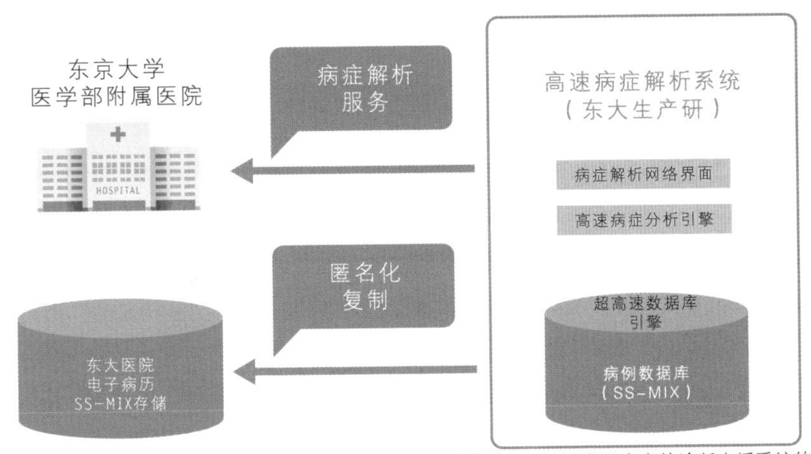

从大数据中检索类似病症患者并予以可视化，即可以通过人工智能发现疾病的诊断支援系统的研究开发正在进展之中。

应用智能手机和人工智能的远程诊断

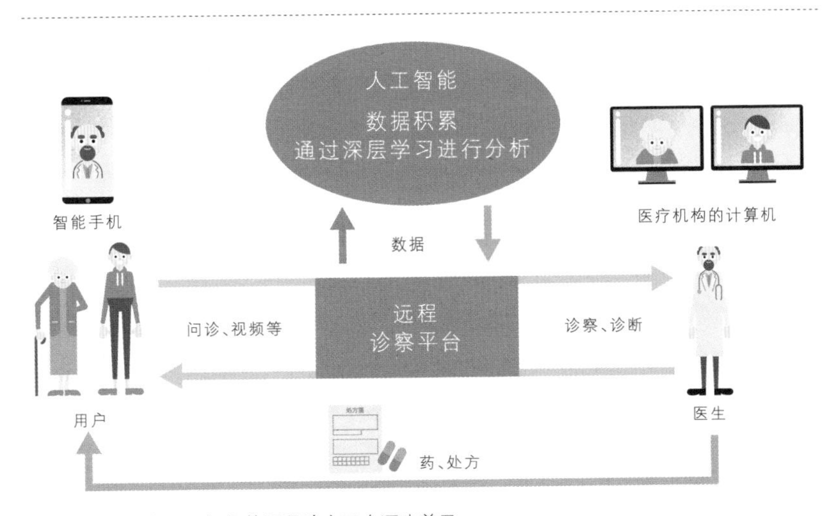

应用智能手机和人工智能的远程诊疗正在逐步普及。

药品研发

药品研发将产生医药品企业无法独家承担的巨额费用。
日本正以举国之力将人工智能技术运用于药品研发，
从而继续保持药品的研发能力。

◆ 医药品研发耗时较长

日本作为开发新药的亚洲国家，组织了尝试利用人工智能开发新药的100家企业和研究机构，于2016年创立了生命智慧联盟，简称LINC（Life Intelligence Consortium）。

药品研发过程要经历若干阶段，即使发现了对目标病症可能有效的被称为“先导化合物”的物质，这种先导化合物经过毒性试验、临床试验等最终成为医药品的概率只有1/25000以下。可以说是风险很高的商业活动。

LINC目前同时进行约30个人工智能开发项目，并最终将这些项目联系在一起。这些项目希望通过制药企业利用这些人工智能，使日本的制药业界保持生命力。

医药品开发流程

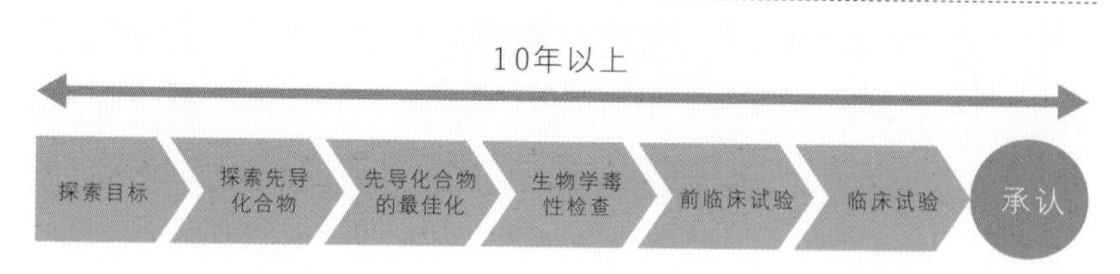

LINC提出了在长期药品研发全过程中应用人工智能的目标。

◆ 以GCN为基础的3种模型

2016年创立的Exawizards公司是一家尝试将人工智能运用于从制造业、医疗到体育等广泛领域的人工智能风险企业。2018年6月，这家公司推出了针对药品研发中先导化合物探索和最佳化的支援技术。

作为LINC活动的一环，正在以使用深度学习的学习模型GCN为基础开发3种模型。

第1种是从化合物结构中预测蛋白质活性的技术。通过这一技术可以提高药物研发候补化合物的筛选效率。

第2种是可以实现以往无法做到的从活性化合物中发现有效部分与无效部分的可视化。

第3种是可以为从已有化合物中找到最适合于药品研发的化合物提出多样且大量的方案。

不仅是化合物解析，这些技术还可以应用到基因网络和论文检索网络中。

基于GCN开发的人工智能

化合物结构化的可视化

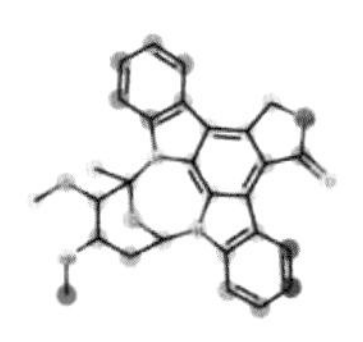

将是否有助于抗生物质与蛋白质相互作用予以可视化。
显示红色原子有助于相互作用，而蓝色原子则相对较弱。

化合物生成模型

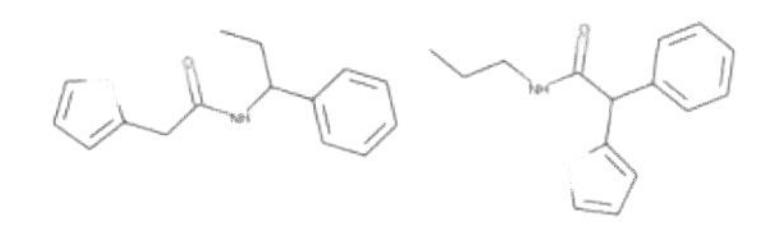

输入左侧的化合物可以输出右侧的化合物。

Exawizards与京都大学、理化学研究所开发了以GCN为基础的人工智能。
※出处：Exawizards（https://exawizards.com/archives/881）

金融信息服务的金融技术

只关注数值数据的金融业是与人工智能关联十分密切的领域，但由于受到各种规则制度的限制，因此逐步与最新科技拉开了距离。
为此，金融科技（FinTech）走上舞台，并有可能成为金融机构的威胁。

◆ 金融科技是什么

金融科技（FinTech）即Financial Technology，表示金融与人工智能的组合，由于使用大数据，因此人工智能技术在其中发挥着核心作用。

如下页图所示，银行和证券公司等传统金融机构提供了综合性的金融服务。但是近年来，利用尖端人工智能技术的金融科技大潮席卷了只能提供传统服务的金融业界。

◆ 金融科技改变金融业界

运用金融科技的新型人工智能企业开始以压倒性的低成本和便捷性提供结算功能、汇款功能、资产使用等服务。金融科技利用机器学习等人工智能技术，将以往由人判断的业务向着更先进、更高速、更有效的方向推进。

比如在对中小企业的信用审查上，以往靠人力要花费很长时间。但是，金融科技企业可以在实际交易信息的基础上瞬间自动进行审查。此外，机器人顾问（Robo-adviser）将免费提供与顾客资产运作方针相符的投资计划建议，并以低价格提供资产自动运用的服务。

这些金融科技企业已经开始动摇长期以来垄断金融业的大银行的地位。为此，维持以往成本高昂体系的银行危机感重重，在数年前还出现了金融科技的高潮。

银行首先着手解决行内业务的效率问题。银行拥有的巨大金融体系要花费数千亿日元的巨额费用和5年以上的开发时间，所以无法轻易地提供低价格的新服务。为此，将首先致力于呼叫中心的自动化。这个系统利用IBM的Watson自然语言功能，识别并分析顾客电话咨询的语音，并将候选回答提供给接线员。这一系统经过1年以上的训练可以达到90%的回答正确率。

金融科技对金融机构造成威胁

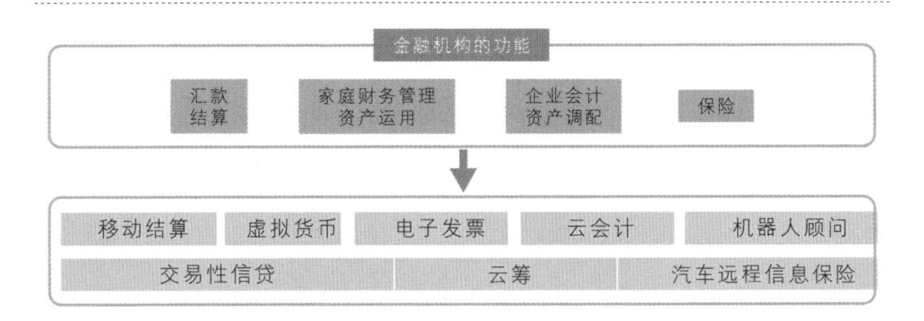

金融领域机器学习的作用

通过机器学习有望实现"判断的进化"

- 高端化：发现依靠人的能力难以发现的知识与规律
- 高速化：戏剧性地缩短处理时间
- 高效化（自动化）：无人也可以开展工作

金融科技的实例

- 融资：美国的 Kabbage 公司实现了面向中小企业的信用审查自动化。
  亚马逊和乐天也通过电子商务（EC）的销售数据和机器学习实现信用审查的高速化和高效化。
- 资产运用：通过机器人顾问，自动构成资产组合，并实现资产运用（平衡）的自动化。

支持金融科技的技术

- 机器学习
- 区块链

支持虚拟货币的区块链

数年前掀起热潮的虚拟货币，其核心技术就是著名的区块链。
尽管不是人工智能技术，但也在此对区块链做一简单介绍。

◆ 什么是区块链

金融技术中广受瞩目的技术之一就是区块链。构成虚拟货币核心并引发热潮的区块链技术因其高度的通用性而没有仅止步于虚拟货币。区块链的特点是可以通过高度分散的设备处理数据而以低成本不间断地运行，并且具备数据几乎不可能被篡改的高安全性。

这种分布式账本方式与传统的在一点集中性大型计算机上集中管理账本的方法完全相反。发挥价格低廉、不间断和安全等特点的服务正不断在世界涌现。比如管理版权、专利证明和各种记录等。

传统系统与区块链系统

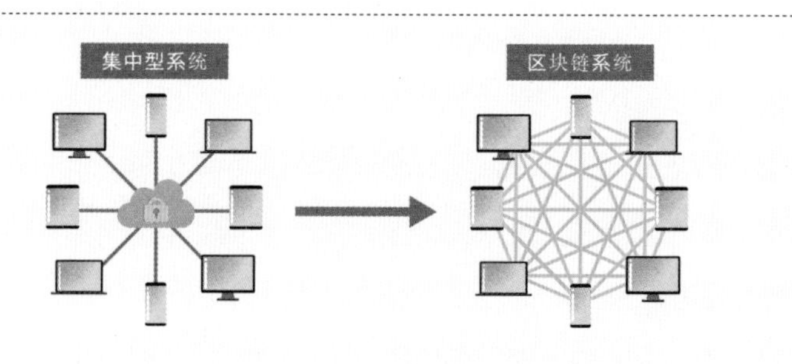

区块链是与在一点集中性大型计算机上集中管理账本的传统方法完全相反的分布性网络。

◆ 区块链的运行机制

下文将简单介绍可以实现区块链特点的机制。

请见下图。区块链的每个“区块”中都有交易数据和哈希值。哈希值是由数据生成的数值，具有即使只有1bit的数据改变、哈希值也会随之改变的性质。用一台计算机的资源管理一个区块，通过参加这一网络的众多计算机整体对数据进行分散处理。

通过将大量参与者计算机的资源逐步合并，使所有参加者共享所有交易数据，从而形成区块链。为此，即使一处计算机宕机导致交易数据丢失，区块链也可以毫无问题地继续运行。

参加者可以随时监视记录在这种区块链上的交易数据账本。在这一机制中，首先，在记入账本前，参加者将检查交易是否正规。根据检查结果，只有正规交易才会写入账本，成功检查是否正规的参加者将得到报酬。被记录过一次的交易数据其后还会继续受到是否被修改的检查，只有正确的交易数据才可保留。

区块链的运行机制

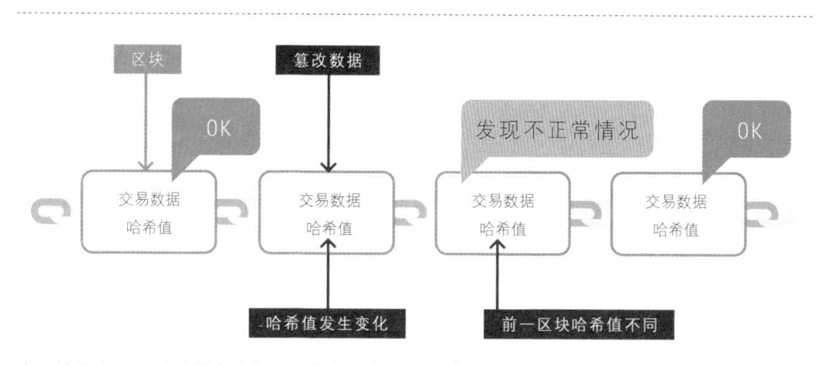

在区块链中，通过将所有交易记录分散保存在记入账本来确保安全性。

什么是人力资源（HR）技术

任何企业都不可能与HR技术无缘。

下文将介绍被称为人事管理的技术在日本的发展。

◆ 什么是HR技术?

HR技术（Human Resources Technology）是指将人工智能技术用于招聘、培养、评估、分配等企业人事方面的处理方法。在这一领域，人工智能技术正在被积极加以利用。

在推进IT化和系统化的企业中，企业人事也是人工智能化最后实施且难以推广的领域。这是由于人事涉及人，要对人进行定量设定、机械管理是很困难的。

在经济高速增长时期，日本企业人事制度中毕业生全部雇佣、年功序列等集体主义因素都不是问题，但随着泡沫经济破灭，在艰难度过裁员风暴后，企业却因成果主义而迷失。由于人事成本的压力，企业尝试推行短期成果主义，导致员工疲惫不堪并对主观评估产生不满。同时，控制招收大学毕业生又导致员工构成不合理、员工进一步老龄化，从而削弱了企业活力。

但是在美国，这一期间随着IT的进化而不断涌现出新的人力资源技术企业，这些企业在速度、多样化和全球化等关键词驱动下不断发展。经营者基于危机感，寻求录用和培养可以推动革新的人才，企业人事本身也出现变革。这导致了人力资源技术的流行，以往依靠暗默知识和直觉的人事正努力引进合理和科学的方法。

利用人力资源技术

经营者的课题

- 录用、培养可以推动革新的人才
- 员工的总体才智化

企业人事的历史背景与成果主义的问题点

- 泡沫经济破灭后，从以组织冗长性为基础的集体主义向削减劳务费、重视效率的成果主义转型
- 重视速度、短期成果主义的个人评估
  →对相对评估、主观评估的不满
  →不关心人才的长期培养

企业人事的世界潮流

- 速度
- 人才多样性
- 全球化

录用大学毕业生的现状与课题

- 通过学生就职网站招录数量剧增
- 少量优秀人才争夺战导致内定录用者放弃内定，导致内定辞退率上升→招录成本增加
- 为追求效率的学历型学校教育妨碍了人才多样化

革新时代企业人事的作用

- 制定基于全球标准的人才战略
- 所需人才的标准化评估标准的正规化
- 通过人尽其用加强组织和提高员工稳定率

选拔、评估人才的科学方法

有必要确定不依赖暗默知识和直觉的高效人事方法

依赖经验和直觉的企业人事通过利用最新技术可以形成科学方法。

◆ 日本的人力资源技术

日本的人力资源技术最近在数字化考试和艺人管理中成为主角。由于日本新大学毕业生统一录用这种在世界上特殊的录用方式，招录方会一次性面对成千上万的求职信。为此，企业希望提高招聘选拔效率并降低成本。通过人工智能技术的发展，这一愿望成为现实，出现了基于人工智能的高精度选拔自动化这一数字方式。

艺人管理是可以收集分析各种人才数据，在录用、分配、培训、评估等测定方面发挥作用的机制。这也是由人工智能数据分析技术的发展所支持的。

日本人力资源技术的使用现状

在人力资源技术的世界中，人工智能技术也逐渐得到了利用。
再加上近年来伴随着少子化出现的人手不足，
人工智能也面临着不仅要用于招录，
还要探索如何作为“人财”发挥作用的课题。

◆ 利用人工智能技术进展缓慢

下图比较了日本企业和欧美企业的招聘方法。在日本尽管被称为“就职”，但现实却是新大学毕业生如果不进入企业就无法了解工作内容的“就企”。由于进入企业后才根据适应性和能力分配各种工作，因此就业是以长期雇佣为前提的。而在欧美企业，却公开招聘职位的工作内容，从应聘这些职务的人中进行选拔。由于以职务为前提，因此职务没有了自然就会离职。

日本企业和欧美企业的招聘方法

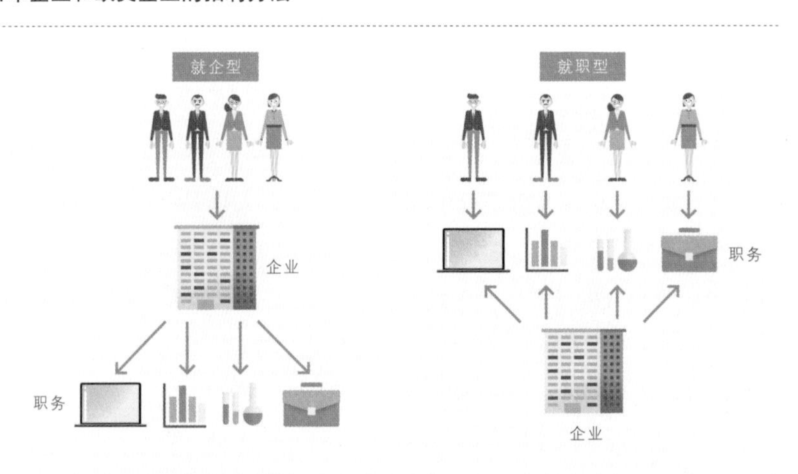

毕业大学生经统一录用进入企业后才决定其职务的属于“就企型”，中途录用员工就是企业提供职务的“就职型”。

如图所示，由于日本企业和欧美企业的雇佣形态大相径庭，因此，在欧美企业中发达的人力资源技术系统却未必可以照搬到日本，这也是日本使用人力资源技术相对落后的原因之一。

◆ 人事的主要工作与人力资源技术

下表比较了日本企业的主要人事工作和人力资源技术的利用情况。其中人力资源技术的例子不是所有都实现了商品化，但在技术上都是有可能实现的。

人事工作和人力资源技术

人事工作	现状	利用人力资源技术的案例
录用	新毕业生统一录用选拔很大程度上依赖学历、面试考官的印象和主观性	单独录用为中心，获得应聘者的行动特性等数据值，通过人工智能进行分析，进行客观选拔，提高选拔精度和多方面评估，削减选拔成本
培训、研修	根据参加工作时间和职务级别进行统一集体培训	根据人事数据，由人工智能根据每个人的工作熟练度、培训主题、今后工作方向，选择和建议各自的研修方案。
工作分配	根据属人主义性的经验和直觉，进行主观判断与定期轮换	收集所有员工的适应性、评估、属性等数据，对工作特性进行定量化，在岗位调动时将根据本人与所属部门的相性进行判断
评估	基于评估主持者的主观评估	增加获得的评估项目，通过更为全面的人工智能分析进行客观评估
健康管理	原则上自我管理 根据健康诊断结果和面谈结果进行判断	通过从可穿戴设备等取得的数据，在第一时间对每个人的状况进行可视化与分析来推动健康管理
防止离职	从员工提出离职申请后，通过挽留、补充后任等进行应对	在人事数据、出勤数据、业绩数据、面谈数据等的基础上，随时监视电子邮件等内容，通过人工智能进行分析，以在事前预知离职可能性大的员工

企业人事以员工为对象开展工作，其个别工作已经可以利用人力资源技术。

◆ 人力资源技术数字化选拔的案例

某大型饮料企业从2019年度开始启用人工智能开展新毕业大学生的录用工作。以往人事部会动用10—20人花费1周的时间对6000名应聘者的求职信（ES）进行是否合格的判断。而通过将其中一部分由人工智能分担，这项工作的工作量减少了40%。人事部只审核被人工智能判定为不合格的求职信，如果负责人做出合格的判断，会向不合格者提供复活的机会。此外，这一系统还具备判断学生求职信是否为抄袭的功能。

利用人工智能判断求职信是否合格

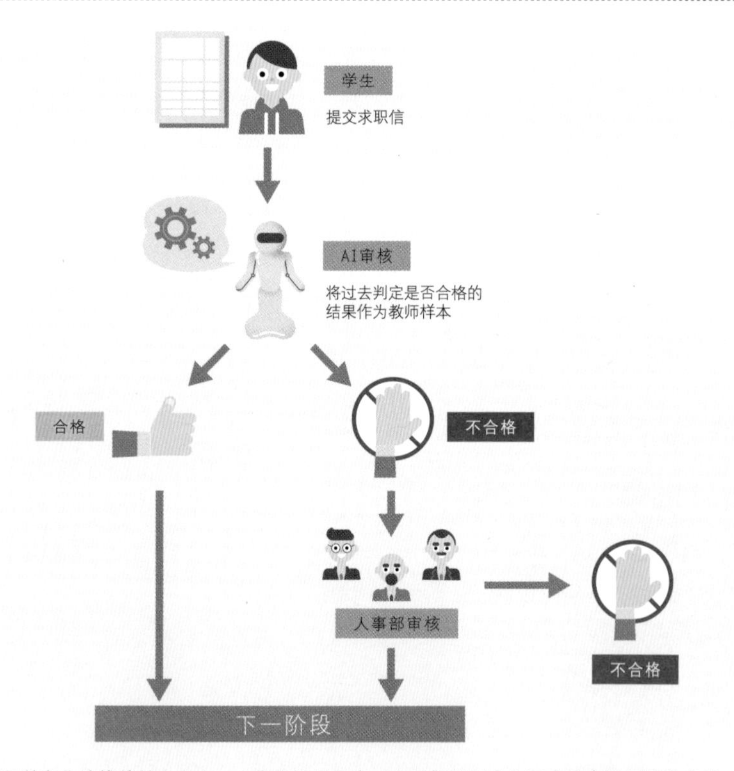

在进行数字化选拔的某企业中，人事部门只负责对人工智能判定为不合格者进行再次审核。

◆ 人力资源技术的离职对策

在今天的日本，人手不足成为严重问题。作为企业不能让宝贵的人才流失，为此，就出现了为防止离职而使用机器学习的人力资源技术。

某企业在员工的特征信息和过去半年间出勤数据的基础上，将已离职员工的数据通过机器学习形成模型来发现想要离职的员工，并通过与被发现的员工进行谈话，帮助解决其苦恼来防止离职。据说某企业的分析显示，如果一定年龄以上的员工调动岗位较多，则可认为其具有较高离职风险的倾向。

发现想要离职的员工

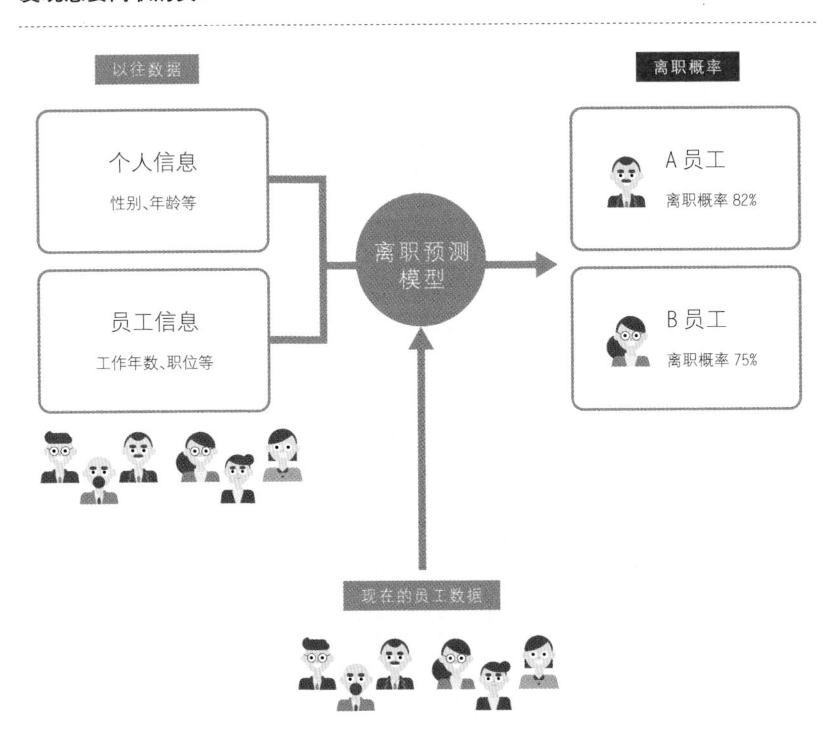

将已离职员工的数据通过机器学习形成模型，从现有员工数据中来发现想要离职的员工。

SECTION 26

聊天机器人

通过文档、声音自动进行对话的“聊天机器人”最近正成为热门话题。
如果在充分确认其日语能力的基础上加以利用，
这项技术就会具有很高的实用价值。

◆ 使用自然语言处理的对话服务

正如在第一部分中所言，自然语言处理正在取得稳步进展。被称为“聊天机器人（Chat Bot）”的自然语言处理对话服务2017年后陆续出现。

呼叫中心、帮助台服务（Help desk service）等试验性服务项目很多，在积累实际成果的同时应开始正式使用。为了提供帮助台等聊天机器人服务，将使用DoCoMo和LINE等服务商提供的API（应用程序接口）服务。

聊天机器人可做之事

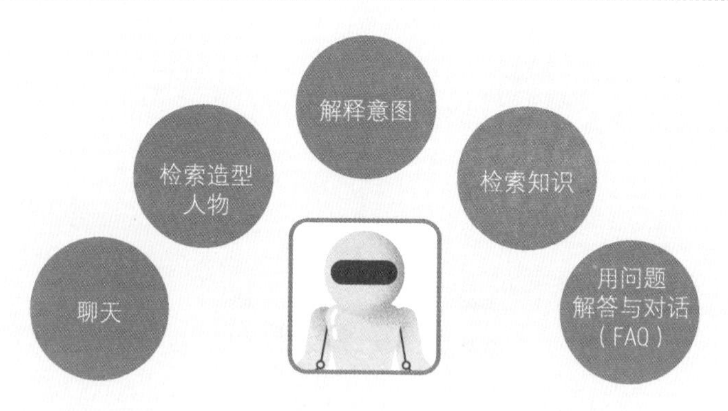

通过自然语言处理，聊天机器人可以解释意图、对话和对事物进行检索。

◆ 聊天机器人的性能

聊天机器人的回答内容利用的是现有的问题及解答。随着聊天机器人可以对“常用问题”进行解答，一半以上的问题不再需要人工处理，提供支持的人工工作量有望大规模减少。因为聊天机器人可以对经常出现的问题进行24小时解答，所以顾客的满意度也将提升。

但应注意到，大多数服务采用的是只有在提问关键词“部分一致”的情况下才有可能回答的方式，因此当几个问题混在一起或提问复杂时，这些服务就无法回答。此时就需要随后由提供支持的服务人员予以回答。

也有利用商品推送服务的例子，优衣库在2017年进行了“UNIQLO IQ”的概念验证。UNIQLO IQ可以根据顾客输入的任意单词向顾客显示多件推荐商品。顾客可以从中选择尺寸和颜色，如果没有找到顾客输入的单词，也可以得到替代商品的建议。中意的商品可以在网上订购，还可以查询附近店铺的在库情况。

日语聊天机器人服务如果不仅仅是单纯的部分一致，而是可以像智慧音箱那样拥有高度的语言识别和语言理解能力，将会更为普及。

帮助台聊天机器人的工作

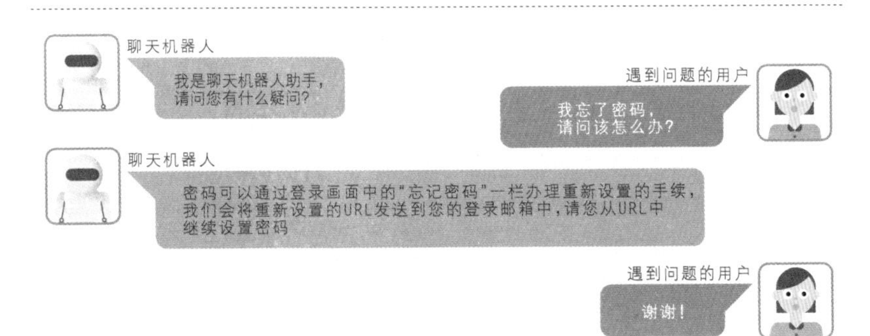

帮助台服务中，通过使用聊天机器人应对“经常出现的问题”，可以削减人力和工时。

SECTION 27

智慧音箱

搭载人工智能的智慧音箱（smart speaker）是目前在世界上大为流行的热门商品。拥有最新人工智能技术的智慧音箱正在不断发展。

◆ 什么是智慧音箱

2012年日本的苹果iPhone开始使用智能语音助手Siri服务时，备受社会关注。Siri是苹果创立者之一的乔布斯最后一个大力关注的项目，因此据说他把亲切易懂的说话方式和文档输入功能等都排除掉，坚决彻底地致力于“便于使用”这一点。Siri以当时最先进的军事技术为基础，因其可以应对多种语言而在世界各地受到好评。

2017年后陆续出现在日本市场的智慧音箱就是Siri技术的延伸。仅Amazon Echo2017年就在全世界销售了1700万台，占全球市场份额的70%。Google Home的销售量最近也在快速增长，占据了15%的全球市场。除了这些，Home Pod、LINE Clova等各种智慧音箱也陆续推出。

据说美国有3500万以上人在使用智慧音箱，中韩两国的智慧音箱也大受欢迎。下图为根据出厂数量推算的市场份额，随着市场的急速扩大以及中美两国企业投入新产品，市场份额也在发生很大的变化。

智慧音箱的出厂台数及市场份额比较图

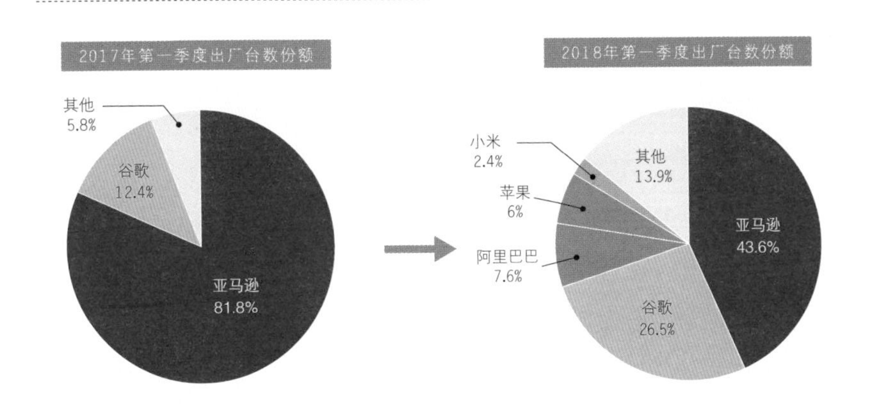

在全球大卖的智慧音箱由于各个厂家陆续推出新产品，市场份额也发生了很大变化。
※出处：Strategy Analytics

◆ 智慧音箱的问答系统

智慧音箱和Siri等数字助手技术由声音识别技术和问答系统组成。问答系统基本上基于统计与概率的思路。这是因为现在的自然语言处理技术无法解决“理解意思”的问题。正如第一篇中关于自然语言处理的说明，无法理解话语意思的计算机基本上使用计算机的强项，即统计与概率来回答问题，因此不可能把所有的回答都设定为像人工准备的内容。但是由于检索引擎与检索关键词组合，所以可以大概率地在Web上找到包括答案的文章。智慧音箱与此采用同样的机制，通过统计方法从包括问题在内的单词组合中寻找回答。为此，智慧音箱只能解决一问一答，而无法进行对话。

当然，针对统计方法无法回答的提问，如对智慧音箱提出“是男是女？”“结婚了吗？”等问题，会作为例外处理由人工回答。

征兆检测技术的出现

每天切实保证我们生活的社会基础设施所使用的技术并非广为人知。
但是在这一领域的技术也在稳步发展。

◆ 什么是征兆检测技术？

在电力、天然气、通信网络等技术设施领域存在着大量的数据，也需要巨额资金。因此，有人会认为存在着可以发挥人工智能作用的巨大空间。但令人意外的是，至今为止并没有过这方面的报道。其理由可能包括制造业拥有的机器产品寿命长达数十年、最新技术难以利用、机器工作时的数据无法保存或企业不愿把内部数据交予外人，等等。

基础设施企业拥有的大型制造设备和发动机等大多造价高达千万日元甚至数亿日元，并24小时连续运转，如果设备发生故障，造成生产线突然停止运转，将严重打乱生产计划并导致重大损失。为此，设备的保养必不可少。

征兆检测技术

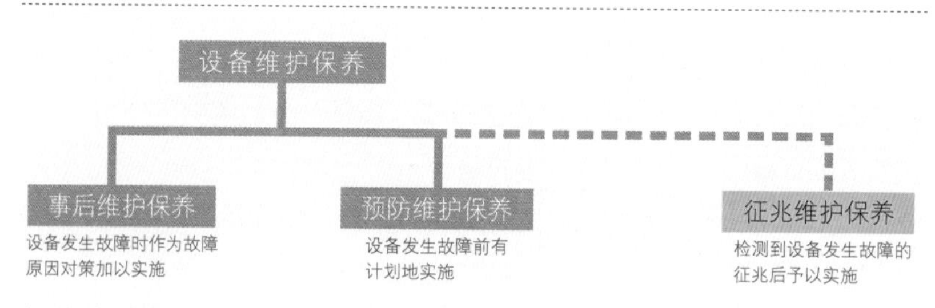

大型机械的维护保养方法中，使用最新技术探测机器故障征兆的技术已经面世。

设备的维护保养方法包括两种方式：在设备出现故障时作为故障原因对策而实施的事后维护保养，以及在设备发生故障前按照计划实施的预防维护保养。修理只是修好出故障的地方，使设备再次运转。与此相比，事后保养维护是在设备发生故障时调查原因，并采取不会再犯同样错误的对策。而预防保养维护则是检查所有易发生故障的部分，在设备发生故障前有计划地更换容易损坏的部分。

◆ 使用物联网（IoT）的征兆保养维护

近年来出现的设备保养维护新方式被称为征兆保养维护。这是通过利用物联网的各种传感器持续计量、检测机器的状态，探知故障的征兆，并在恰当的时间更换、修理机械的保养维护方法。这种方法比预防保养维护成本更低，但问题就在于如何探知和判断故障征兆，而人工智能技术的机器学习正适合于这一方法。

比如，发动机等大型回转式机械在正常运转和故障初期状态下，旋转的震动会出现微妙的变化。通过测量和探知这种微小的震动差，可以将其视为故障征兆并测算出一定时间后发生故障的概率，发出警报。但是，由于不易判断获得哪些数据较为合适、如果没有故障时的数据则无法进行机器学习等原因，对于故障率极低的机器很难实施征兆检测，这些是亟待解决的问题。

征兆检测系统

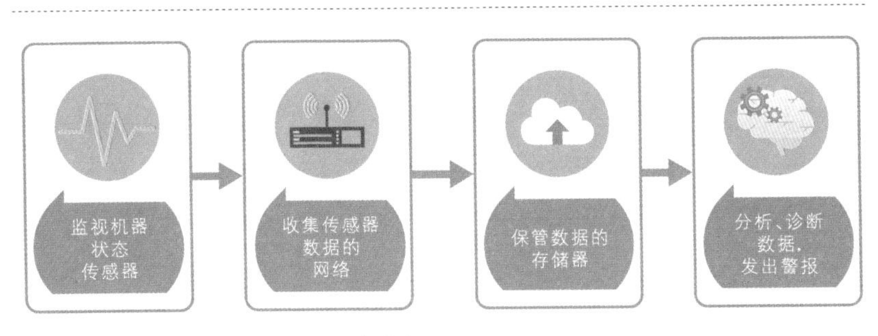

对设备进行征兆保养维护需要构建上述系统。

基础设施企业与人工智能应用

需要巨额设备投资的基础设施折旧期限长，似乎未必能及时利用日新月异的高科技。但是基础设施只要稍微提升一下效率，就会产生巨大的效益。

◆ 火力发电厂运行最优化

下页上图是东京电力燃料动力（东电FP）公布的“人工智能火力发电站运行最优化”方案的简化版。东电FP与印度大型IT企业塔塔咨询服务公司（Tata Consultancy Service）合作开发了火力发电站的最佳运行模型，通过向更多的发电站加快推广，实现发电站的效率化和最优化，向减轻环境负担和削减化石燃料使用量的目标发起挑战。

火力发电站将空气与煤粉末吹入锅炉的装置是由操作员根据经验调整角度的。在概念验证中，该模型对过去两年间的运转与燃烧记录等进行机器学习，从而算出了最佳角度，并由此提高了发电效率并控制了气体排放，据称产生了每年削减4000万日元成本的效果。

◆ 运行维护（O&M Operation Maintenance）的最优化

东电正在开始遥控监视中心的试运行，该中心使用亚马逊云服务（AWS）的远程监视系统，旨在实现日本国内火力发电站实时运转状态的可视化。同时，运行故障预测和发电效率管理等的实况转播监控中心也开始了试运行。

从2018年2月起，东电开始向外部企业提供“远距离监控中心”（见下页下图）服务。据称，在利用这一服务后，原来每年约70次因机器故障导致发电站停止发电的事故现在减少了20%左右；同时更有效地削减了不必要的燃料成本。

这一征兆检测系统通过将正常运行的发电站数据作为教师样本进行机器学习，与发电站的运行数据做出实时比较，可以自动检测到“管道破裂导致设备温度下降”等以往没有注意到的设备问题。

利用人工智能开发最优化模型

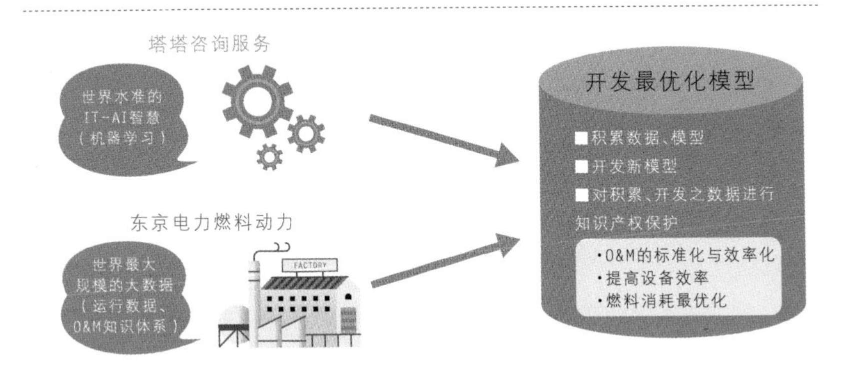

在福岛县火力发电站实际使用这一人工智能系统的结果表明，气体排放减少了约10%，发电效率得到了提高。

※出处：东京电力燃料动力资料《利用AI实现火力发电站运营最优化》

远程监控中心

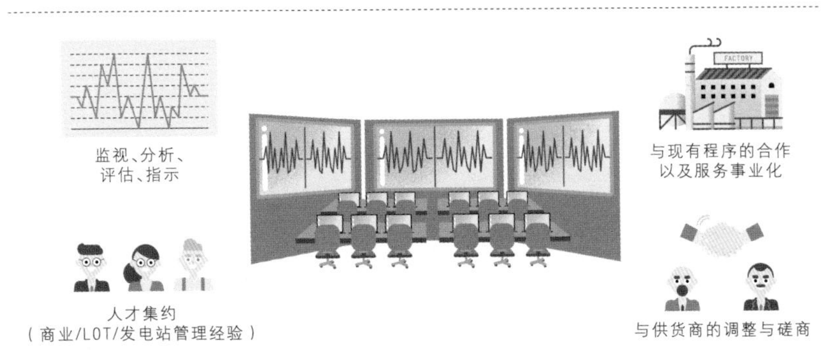

探测到异常情况时，专家在分析设备数据并对异常进行详细诊断后，与发生异常的发电站联系并实施最佳解决方案。

※出处：东京电力燃料动力资料《远程监控中心（DAC）》

营销

宣传广告花费巨大。电视广播业和网络业的大半部分收入都来自宣传广告费。为了有效增加这部分巨额收入，企业在营销领域投入了最新技术。

◆ 什么是数字营销（digital marketing）

近年来，营销领域流行着“数字营销”一词。数字营销是指利用电子邮件、Listing广告等线上方式和信息数据进行营销。这是由于与以往相比，随着智能手机和SNS的普及，现在企业与用户的数字连接点急速扩大。

进一步而言，还出现了新的动向，即将报纸、广告单、广告板等线下广告数据与线上广告数据整合，使用更为精确的数据，从而采用比传统网络营销更为广义的“数字营销”概念。

营销的过程

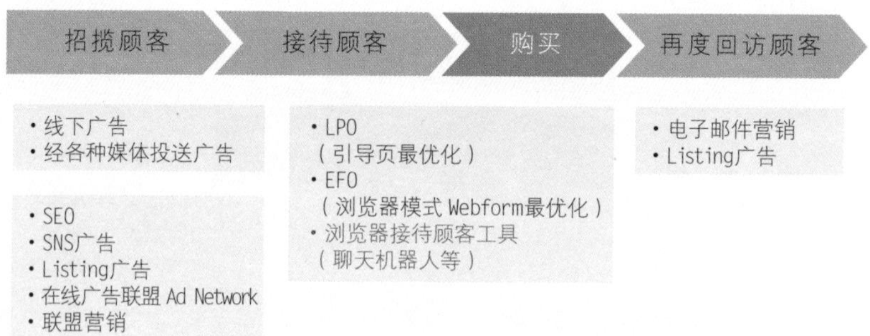

招揽顾客	接待顾客	购买	再度回访顾客
·线下广告 ·经各种媒体投送广告 ·SEO ·SNS广告 ·Listing广告 ·在线广告联盟 Ad Network ·联盟营销	·LPO （引导页最优化） ·EFO （浏览器模式 Webform最优化） ·浏览器接待顾客工具 （聊天机器人等）		·电子邮件营销 ·Listing广告

营销领域中，比网络营销更为广义的数字营销正备受关注。

◆ 提高工作效率的营销自动化（MA）

在数字营销中尤其受到关注的是营销自动化机制。营销自动化是指在一个软件中整合了电子邮件、分析访问主页者的信息、进一步筛选提出建议、商谈可能性较大的潜在客户的功能，向潜在顾客递送资料宣传本企业优势的功能以及促销管理、完成报告等功能。

在营销自动化中也开始引入人工智能技术。最初从招揽顾客的对策开始，随后逐步扩展到促进销售、提高营业额和管理顾客信息等领域，甚至在再次访问顾客和提出改善服务建议等方面的使用也成为可能。由于人工智能实现了所有分析工作、制作报告工作的自动化，并能自动对分析结果、营销结果进行机器学习，因此具备进一步提升精确度的功能。根据数据，原本应由专业营销专家进行的制作促销流程转为自动设计的产品也在市场上出现了。

在数字营销领域，由于Web和SNS成为与顾客的连接点，因此顾客购买过程和访问记录的数据积累得极为庞大。从这些数据中进行顾客行为、感情、兴趣爱好倾向的评估与分析等都是人工智能擅长的领域。

对于没有专业营销数据科学家的企业和尝试提高营销业务生产率的企业而言，MA是有效的手段。

营销自动化的应用领域

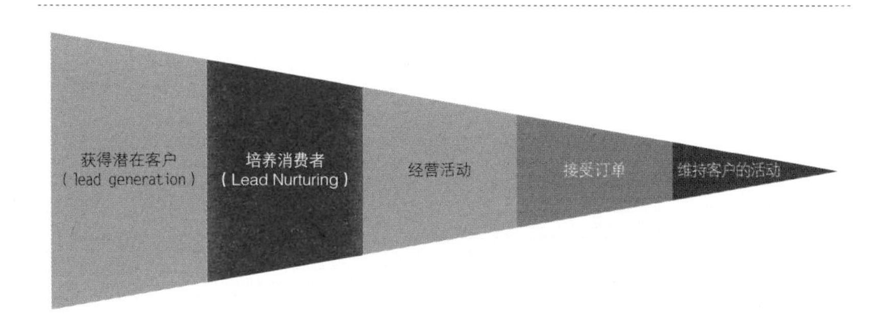

营销自动化可以在培养消费者领域的电子邮件营销、整合营销、行为追踪等方面发挥威力。

专栏 | 人工智能小语②

可以进行假设的梦幻人工智能

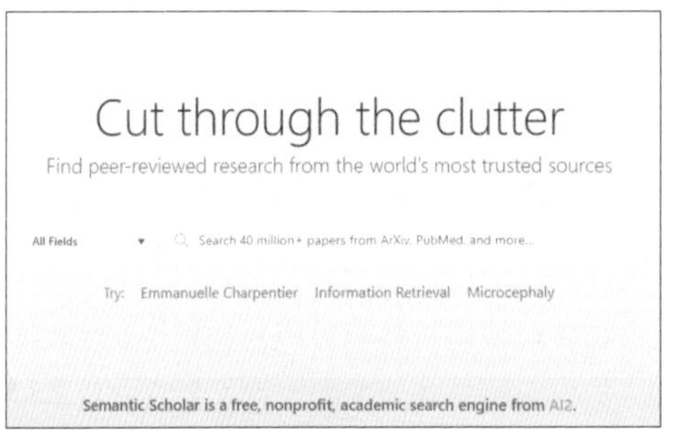

图：论文检索引擎Semantic Scholar（https://semanticscholar.org/）

机器学习如同“预测”一样，由于可从一般规律中推导出具体现象，因此可进行“演绎推论”，而深度学习的CNN更可以从具体现象中推导出一般规律，即进行“归纳推论”。也就是说，CNN通过输入大量图像数据，可以学习和抽象出这些图像的模式。但是，人工智能还无法实现像人一样建立假设进行推论。

科学家为了“简单说明”自然界发生的复杂现象，将设定假设，再进行实验加以验证。如果可以证明假设理论具有再现性，则假设将成为一般规律。因此，如果人工智能可以进行假设推论，则或许有可能进行科学发现。

当导致发生某些现象的因素非常庞大时，人类的头脑会无法思考。为此，需要根据奥卡姆剃刀原理（Occam's Razor）剥离出“最具影响力的要素”，其他要素则作为可忽视的误差范畴，或作为假设。因此需要假设推论的也许并非是已可以进行归纳推论的人工智能，而是人类本身。

最近有报道称“Semantic Scholar蕴藏着最终变为假设生成引擎的可能性”。Semantic Scholar是论文检索引擎，据说可以通过自然语言处理功能自行阅读论文的全文并进行分析和评估。无论如何，人工智能仍在继续进化的道路上。

PART

3

应用人工智能的时代

机器学习3要素

以前是“研究人工智能的时代”，而现在则是“应用人工智能的时代”。
下面将探讨如何将AI技术运用于商业。

◆ 利用机器学习3要素

机器学习是AI技术的基础，为了利用机器学习，下图中的“信息科学（情报科学）”“计算机环境”“大数据”是3个必需要素。

“信息科学”就是在第一篇中介绍的深度学习类算法。而使用机器学习的哪一种算法则由AI供应商及其数据科学家决定。

“计算机环境”是指超级计算机或者云技术这样的计算机资源。利用深度学习进行计算时因需要庞大的计算量，如果没有足够的计算机环境，其实用性就会降低。近年来，图形处理器GPU也可以比以前更廉价地使用了。如果说在以前，深度学习需要花费几天或者几周的时间，而现在由于GPU的性价比提升，在相对短的时间内就可以完成计算了。

而近年的云环境中，算法和超级计算机资源进行组合并被以“云ML”或“云AI”的服务名称提供给用户。云AI的出现使机器学习的测试变得非常简单。以往，由于需要自己出资、准备超级计算机，算法也需要程序设计，因此仅测试就要花上几个月的时间，但云AI使测试时间大大缩短，几天就能得到结果。

“大数据”是为机器学习的使用目的而准备的数据。因为将会作为教师样本使用，因此需要大量且“漂亮”的数据。“漂亮”是指不含“噪声”也没有缺失值的数据。由于现实中企业很少拥有这样的数据，所以大部分企业会从收集这些数据入手。

机器学习三要素

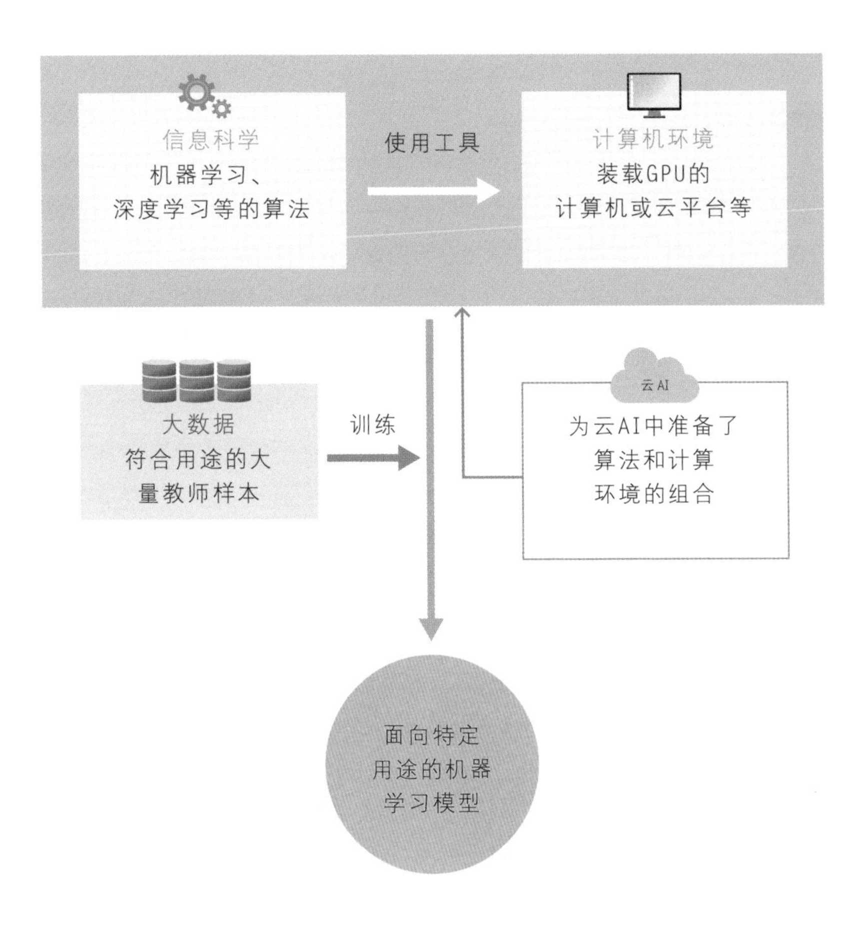

为了在商业中使用机器学习，“信息科学（算法）”、符合用途的“大数据”、高速GPU等“计算机环境”3要素是必需的。

机器学习中PoC不可或缺

为了在商业中实际使用机器学习，就需要反复试错。

本节将介绍反复试错的方法，有兴趣的读者可以使用云AI等实际操作体验一下。

◆ 准备合适的数据和算法

为了发挥机器学习从数据中进行学习的能力，必须有合适的教师样本和算法。而选择“合适的”样本和算法则需要反复试错。我们把这个反复试错的工程称为“PoC测试”。下图就是PoC一般程序的流程图。

首先从准备教师样本开始。这要以符合PoC目的的数据为前提。因为如果这些数据中不包含“答案”，无论多么优秀的算法都不能取得成果，所以这一点非常重要。

然后为了将这些数据纳入机器学习中，需要给数据做“整容”。“数据清洗”就是如果数据中含有“噪声”就要进行清理，如果有缺失值就要进行增补。由于更多情况下不能机械性地一律进行，因此PoC是最耗费精力和时间的工程，需要丰富的技能，甚至有专门做数据清洗的企业。

下一步是选定算法，输入数据进行测试，并对其结果进行评估。如果结果无法令人满意，可以调整参数多次反复测试和评估。即使这样结束也不理想时就应当更换算法，再次测试，直至达到设定的目标为止。如果取得了成果，即以PoC确定的算法和参数为基础，进入原型开发阶段。

云AI的出现提高了这一反复进行的工程的效率，大大促进了机器学习在商业领域的应用。但是，谁也不知道概念验证何时结束。而且本来，PoC的目标会出现很多用准备好的数据无法实现的情况，所以经常听说PoC的成功率连20%都没有。

2017年AI技术在商业领域的应用迎来了发展机遇，但必须注意到，如果不了解机器学习的这些特性，很可能会导致商业失败。

机器学习中PoC的运作顺序

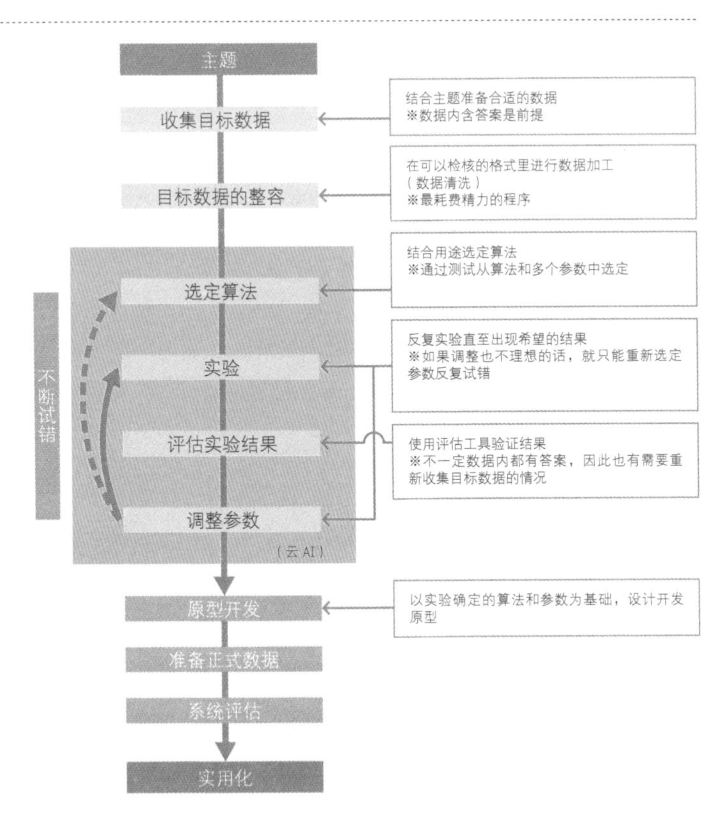

使用机器学习一定需要基于概念验证的反复试错。

SECTION 33

AI商业亟待解决的问题

AI商业是最近起步的新兴领域。

当前，体验过AI商业的商业人士尚且为数不多。

今后，在实际工作中体验并积累丰富经验将变得日益重要起来。

◆ 商业应用的工程

2016年左右起步的AI商业正逐渐在日本兴起。但如SEC.32中所述，由于最初阶段用户不了解机器学习的特性，所以供应商尚未建立起商业模式。

如果想要将机器学习应用于商业，就需要下图所示的流程。特别是用户还不能理解SEC.32介绍的PoC的必要性。如同一般软件的开发一样，在应用时会要求供应商提示报价金额。

在2016年，只有IBM将这一工程作为咨询业务纳入了提供服务的“菜单”，3个月收费5000万日元。但是，没有IBM品牌能力的大多数供应商由于没有AI商业经验，而提出报价前的费用往往又要由供应商承担。因此也就有了“PoC穷”的说法，如果这样，IT企业的AI商业之路也就难以走通了。

AI商业亟待解决的问题

- 有必要详细讨论用户的问题是否能用机器学习解决，而实际上不进行PoC是无法做出明确判断的。
  有必要解决这种情况下产生的“初期成本回收问题”。
- 即使用户的课题能够解决，用户能否接受解决成本，认可成本效益比也是一个问题。

◆ AI商业进展并不顺利

如上所述，机器学习在商业应用上还存在一些问题。即便如此，日本的IT企业也不得不跟上AI的热潮。只有花一年以上的时间反复试错、并多次尝试PoC的供应商才能够逐渐确立商业模式。因为这种经验值的差距很大，所以即使同样是AI供应商，呈现出的实力差距也会很大。

但是，大部分企业用户至今还漫不经心地抱着只要有人工智能就什么都能解决的想法。似乎认为大型IT企业一定擅长AI技术，总能有解决问题的办法。但现实中，在日本具有丰富经验可将机器学习应用于商业的工程师可谓凤毛麟角。

AI技术只是解决商业问题的工具中的一种。即使PoC进展顺利，有望通过机器学习解决问题，但如果应用时的成本过高，则无法实现好的投资回报率。如果要求人工智能仅在商业中发挥“宣传”作用，也就罢了；如果以实际应用为目的的话，那么需要保持精度、同时又成本高昂的机器学习是难以持续的。

AI商业的推动进程

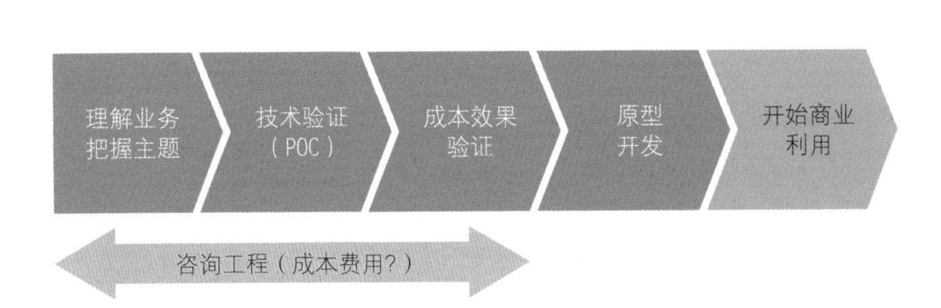

推进AI商业需要以上进程，但这一进程中会面临严重的问题。

AI商业的条件

大部分企业如果想参与AI商业，就需要AI供应商的合作。
尽管供应商的实力是个未知数，但为了应对各种困难，
双方的相互合作不可或缺。

◆ 人工智能知识是必备

企业开始AI商业时，几乎没有一家拥有SEC.31中介绍的“机器学习三要素”，即“信息科学”、“计算机环境”和“大数据”。2016年到现在，即使在大型IT企业中拥有数据科学家，也很少有机器学习工程师。更不用说只有研究人员才能理解的神经网络了。而突然到来的AI热潮，使得IT企业和客户企业只能在摸索中起步，有商业议题的委托方企业开始与IT供应商磋商能否通过利用人工智能解决问题。

委托方企业虽然有某些方面的丰富数据和业务知识，但却完全不具备与人工智能有关的知识。而具备商业议题解决能力的供应商尽管拥有齐全的数据科学家和计算机环境，但一般不具备理解商业议题的业务知识以及解析数据含义的相关知识。因为信息的不对称，委托方即使签订了保密协议，也无法判断应提供哪种数据，提供到何种程度比较合适。

AI供应商了解机器学习需要大量优质的教师样本，但委托方企业内是否有合适的数据，只有接受了数据并对其进行验证才能知道。不过也经常出现AI供应商以委托方拥有所需要的数据为前提签约，之后却发现收到的是大量垃圾数据，无法使用。

◆ 理解委托方的议题

委托方企业员工理所当然掌握的业务知识，对行业不同的AI供应商员工却完全讲不通。为此，必须首先从AI供应商理解委托方的商业议题开始。而且也有必要考虑这一议题是否真的能由AI技术解决，委托方的企业内部是否拥有解决议题所需的数据等问题。而对供应商来说，委托方承担PoC费用到什么程度也很重要。

只有这些条件全部得到满足后，最终才可以开始概念验证（PoC）。

委托方和供应商相互获取必要信息

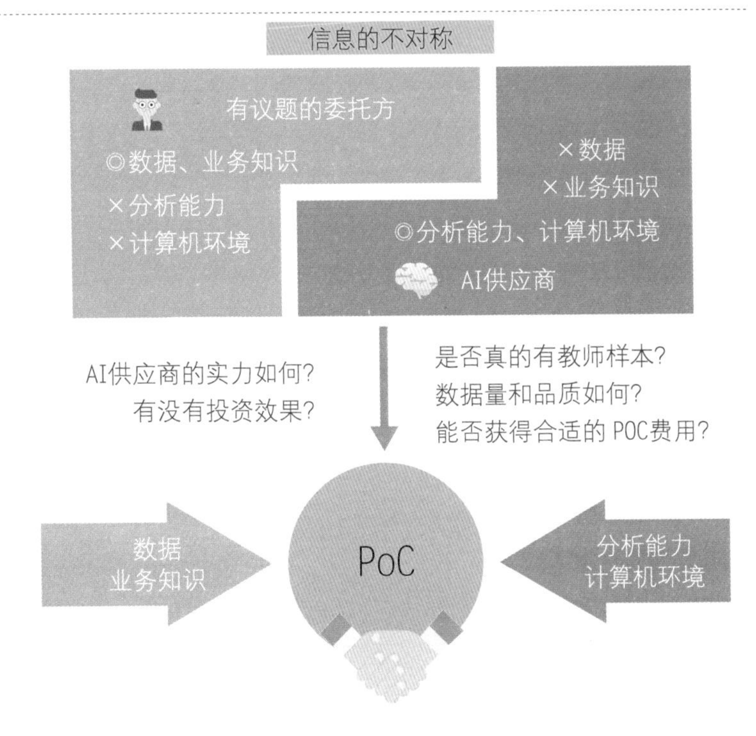

委托方与AI供应商之间存在信息的不对称，相互合作不可或缺。

SECTION 35

PoC亟待解决的问题

签订了合同，PoC 开始后也会出现各种问题。

如果委托方事前认识到存在什么问题，那么PoC 的成功率应该会有所提升。

◆ PoC 开始后的问题

本书已多次提到，不论深度学习还是相对简单的机器学习模型，教师样本的质量都很重要。即使进入PoC阶段，交给委托方的PoC使用的数据量很充分，而实际却满是垃圾数据的情况也很常见。为此，就需要从数据清洗着手，做大量工作。

而且，即便这一PoC使用的数据测试结果良好，也存在使用正式数据时产生完全不同结果的可能性。这是因为如下图所示，PoC评估的数据分布与真实的数据分布相比会出现偏差。

由于在此无法去追究委托方对机器学习理解不足的责任，因此AI供应商有必要注意数据的可用性。

数据问题

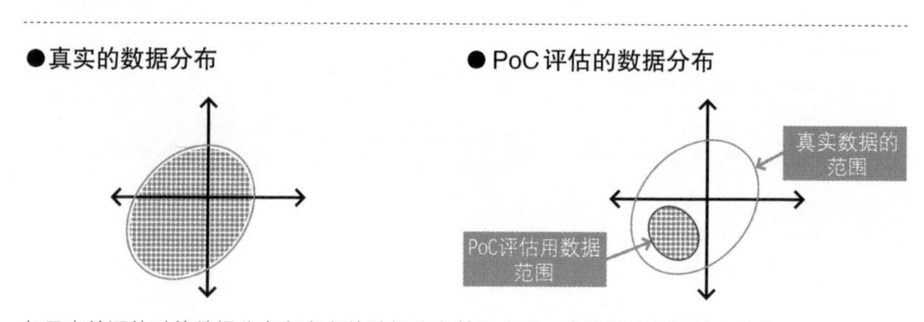

如果事前评估时的数据分布和真实的数据分布差异太大，失败的可能性就会变高。

◆ 查全率和查准率的重要性

如何评估PoC结果也很重要。下图显示了通过机器学习得出的答案和真正答案之间的关系。在回答中，针对正确答案，机器学习的回答分为“正确的回答”“错误的回答”“漏掉的正确回答”三种。

这里的“查全率”是指正确回答占正确答案的比率（没有漏掉的比率）。查准率是指回答中的正确率，即没有错误回答的比率。为什么说查全率和查准率的指标很重要？这就像使用MRI图像诊断病状时，绝对不能漏掉病状一样。在此，查全率就尤为重要，即使有错误的回答，因为由医生做最终判断，所以并不是问题。但相反，在判断垃圾邮件等情形时，如果将真正的邮件判定为垃圾邮件——即错误回答则会很麻烦，这就需要重视查准率。

因此，根据机器学习对象的课题不同，评估标准也会有变化。由于深度学习等机器学习原则上是基于统计和概率，不会输出100%正确的结果，所以如果对人工智能给出的结果完全接受，存在一定的风险。

查全率和查准率

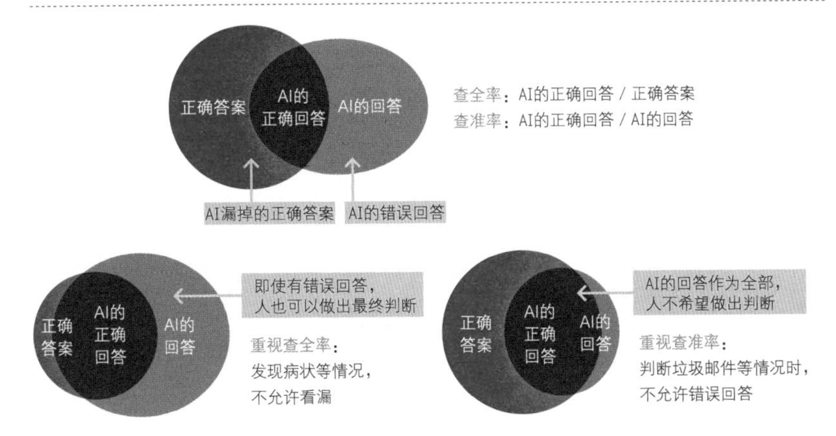

机器学习的输出没有完全正确的答案，因为商业议题之间的不同评估方法也有差异。

委托方和供应商的作用

利用机器学习进行产品开发时，与一般的软件开发相比，委托方企业的作用更为重要。因此，事前明确和供应商的任务分工十分关键。

◆ 进行原型开发

PoC的结果良好，有希望达到目标之后，就要进入下一阶段。一般PoC应该使用AI供应商的计算机环境，即云AI或供应商的服务器。但很多情况下仅靠这些无法进入正式环境，因此有必要进行原型开发。

原型开发的运作和任务分工

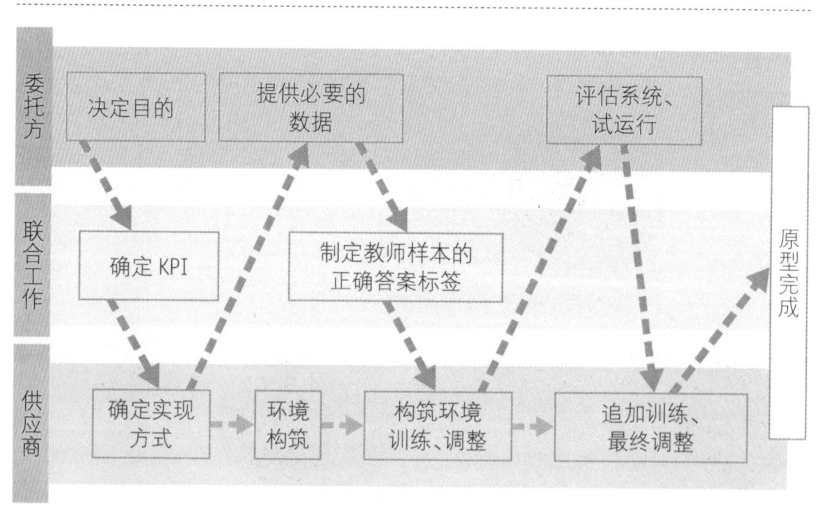

机器学习中委托方企业的作用很大，因此有必要事前决定好任务分工。

◆ 委托方和供应商的作用

在委托开发特有的软件时，大部分运作一般由供应商承担，委托方只负责协助制定最初的详细规格以及最后的验收评估。

但是机器学习时，由于委托方所持数据很重要，因此委托方的合作也就必不可少。AI商业的一些案例中，委托方仅仅将人工智能引进商业视为目的。但是，正如多次提到的那样，AI技术只是解决课题的工具之一。首先，需要和供应商磋商，明确原型的目的及其数值目标KPI。KPI不确定，供应商就无法决定实现目标的方式。如果KPI的目标很高，必要的教师样本量就变得庞大，开发时间和费用也会水涨船高。

比如，使用AI诊断MRI图像时，需要查全率99.9%的高指标。MRI图像就是教师样本，但能够给予MRI图像数据以正确答案的只有专家医生，供应商完全无法参与，所以准备数万张带有标签的MRI图像的成本和时间很大程度上依赖于委托方的合作。

因此，使用机器学习的原型开发即使程序编写工程很少，准备数据也会非常耗时耗力。而且即使构建了原型用的开发环境，PoC的算法和参数也不一定可以直接使用。因为在云AI上进行PoC测试时，在此使用过的算法库未必可以直接用于原型开发环境。

如果可以在同一云平台上建构，但由于成本、网络环境、正式数据的存储场所兼容性等问题，有时会另外准备服务器。这种情况下即使使用同一算法，由于在不同的PoC库和框架进行开发，也会出现设定参数不同的情况。这样，PoC的参数就无法使用，需要再次调整。

利用机器学习的产品开发会有各种困难，因此委托方和供应商在开发原型之前，有必要明确任务分担和责任所在。

SECTION 37

AI商业的投资效果

无论什么投资都有必要讨论投资效果。
但在案例较少的AI商业中，由于很难做事前的风险评估，
因此供应商有必要对委托方企业进行充分的说明。

◆ AI商业的投资效果是什么?

AI商业尚未能建立完整的商业模式，因此委托企业也很难事前预测投资效果（ROI）。

如SEC.36所言，AI供应商也无法在PoC顺利完成之前就给出正式应用时的报价。与一般软件开发相比，从PoC结果给出的报价和成果的KPI风险相当高。供应商不应签订一般的承包合同，而应采用准委托合同或联合开发的形式。

下图是AI商业中产生的一般性成本，下页的上图归纳了预期的效果和成果。从中可以发现，与普通软件开发最大的不同就是教师样本的制作成本。制作成本会因主要由委托方承担还是供应商承担而产生很大的波动。此外，即使PoC数据没有问题，原型开发或正式应用发生问题时的原因如果源自数据则仍有可能需要再次获取。因此，为了保证正式系统应用时的输出质量，需要不断投入更新预训练模型的应用成本。

预期的AI商业可能的投资成本

- 概念验证(PoC)费用
- 原型开发费用
- 正式应用中的教师样本制作成本
  ※根据查全率、查准率的设定可能会大幅增加。
  ※在因新设定而得到“脏”数据时，清洗成本也会增加。
- 正式应用环境建构成本和运行维持成本

预期的投资效果与成果

预期效果（需要设定KPI）

· 削减人工费、提高生产率、降低不良率

成果（需要谈判合同）

· 清洗后的数据组合
· 预训练模型
· 包括预训练模型在内的程序

如SEC.36所言，预期效果需要明确目标设定KPI。最后的成果也非常重要。作为交货的成品，供应商会在多大程度上交给委托方，其权利属于哪一方，如果当事双方就这些问题不达成一致并明确记录在合同中，很有可能会引起纠纷。

由于预训练模型不属于著作权法中的“著作”，因此尤其需要注意。实际上，预训练模型与其说是委托人的固有部分，更可以认为其基于开放源代码和科学见解的通用性部分较多。因此，供应商没有理由将所有预训练模型的权利转交给委托方。以下是这一权利分配方式的思维模式图。当然，此图只是方案之一，实际由当事人通过事前谈判达成一致即可。

各种权利的分配

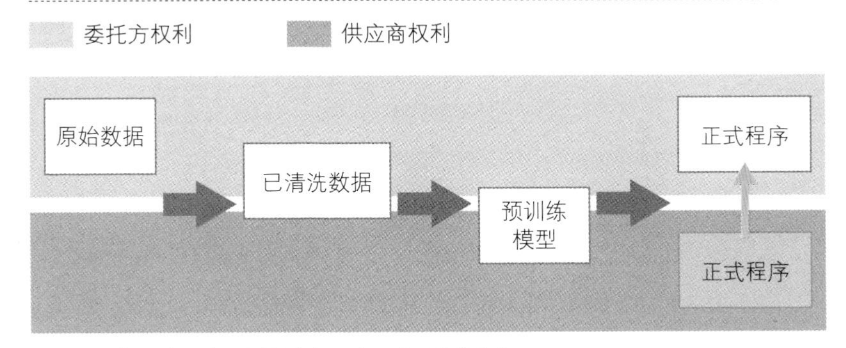

AI商业中的ROI由于难以事前预测，一般而言风险将变大。

数字颠覆者的威胁

近年来的数字革命给世界所有企业带来了巨大影响。
将这一变革视为机会还是威胁，要根据企业的情况而定，
但无论如何变革都已无法回避。

◆ 数字颠覆者（digital disruptor）的出现

近年来，在世界所有产业和业界都出现了“数字革命”。数字革命是基于最新数字技术、ICT技术性创新的破坏性变革。

以Uber为代表的移动行业的出现使世界出租车行业面临着生死存亡，Airbnb的民宿也给酒店业带来了巨大影响。在零售业，很多店铺因受亚马逊的巨大冲击而相继倒闭。

这些企业被称为数字颠覆者。

颠覆者冲击了所有行业，媒体行业也不例外。Netflix的出现导致了DVD租赁业的消失，也同样侵蚀着广播电视行业。Spotify音乐免费下载服务的出现使得从CD等载体销售转型的音乐下载服务逐渐消失。

所有行业都受到数字革命的影响

数字革命导致所有行业都出现了数字颠覆者。

◆ 数字颠覆者的特征

颠覆者的特征就是通过以智能手机为中心的技术构筑低价格的生态系统，并寻求将服务同时推向世界。他们将人工智能、IoT、机器人等最新IT技术引入传统行业，运用共享等商业模式在短时间内实现了迅猛发展。

其冲击力是难以估量的，市场规模越大的行业遭受的打击越大。汽车产业中，特斯拉等拥有自动驾驶技术的电动能源汽车驱逐汽油发动机汽车也只是时间的问题。电动能源车的零部件数是汽油车的1/10，因此金字塔型的汽车行业零部件厂商如果坐以待毙，早晚也会被淘汰。特别是“拼车”和自动驾驶普及后，汽车的销售台数也将锐减到现在的几分之一。

应该认识到，世界经济正处于“地壳变动”的状态，不尽早采取对策的企业都将无法生存下去。

冲击所有产业的数字革命

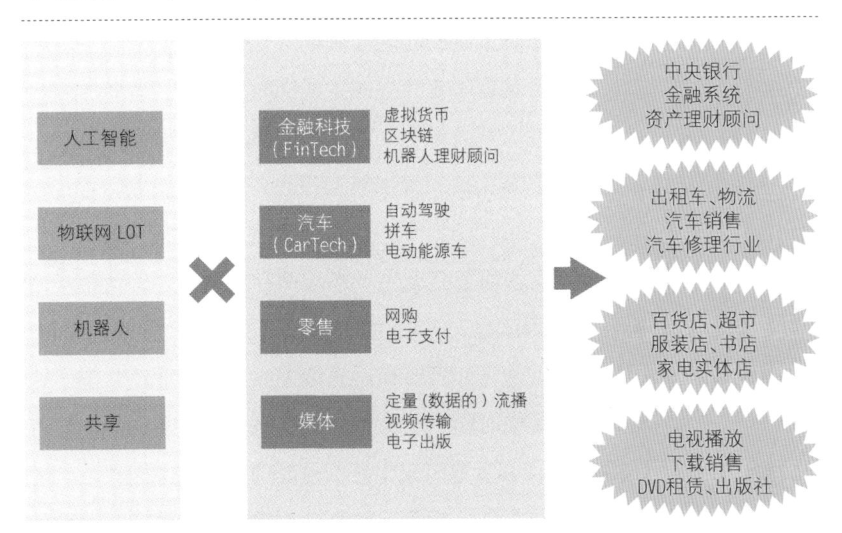

产业界市场规模越大，受到数字革命的影响也越大。

SECTION 39

劳动人口的减少与劳动生产率

日本已进入少子老龄化社会。

很明显，劳动人口正在一步步减少。

企业如果期望能存续，那么从现在开始就必须考虑对策，这是不言自明的。

◆ 日本劳动人口的减少

日本在2008年后开始迈向人口减少社会。根据总务省的报告，日本的劳动人口受少子化的影响将来会不断减少。如下页上图所示，如果不大量引进外国劳务人员，20年间劳动人口将会减少16%。

劳动人口减少意味着社会保障的中坚力量减少，而同时发生的老龄人口增加则会使社会保障支付金不断扩大支出，从而导致国家财政状况的恶化。因此，如果无法阻止劳动人口的减少，进一步推动技术革新以提高生产率，那么日本将会陷入经济负增长的连锁反应。

在劳动环境方面，少子化带来青年层减少的同时，也使劳动状况发生了变化。政府主导的“劳动方式改革”中，女性劳动力被提升到与男性劳动力同等的地位，并推动老龄人口发挥余热。为此，就需要企业改善劳动环境、缩短劳动时间。

下页下图是7个主要发达国家劳动生产率的排行变换表。劳动生产率计算每一名从业人员或者每工作一小时的劳动成果（附加价值等）。如图所示，日本的劳动生产率在泡沫经济时期后总体上一直处于低迷状态。长期以来就存在着对日本企业长时间劳动常态化的批评。2017年，日本的劳动生产率位居世界第21位，在发达国家中处于最低的位置。

日本企业不应该坐等总务省的指示，而应更加积极努力地提高劳动生产率。

日本劳动人口预测

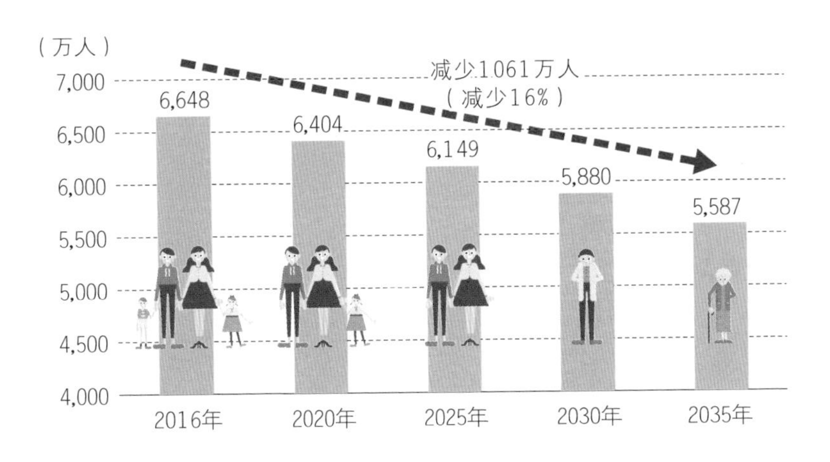

日本劳动人口确实正在减少，企业必须研究讨论对策。劳动环境方面的问题包括少子化导致劳动人口减少，推动女性走向职场，促进老年人再就业以及增加外国人劳务人员的数量等。

※出处："劳动力调查年报2016年"，瑞穗综合研究所资料

劳动生产率排名的变迁

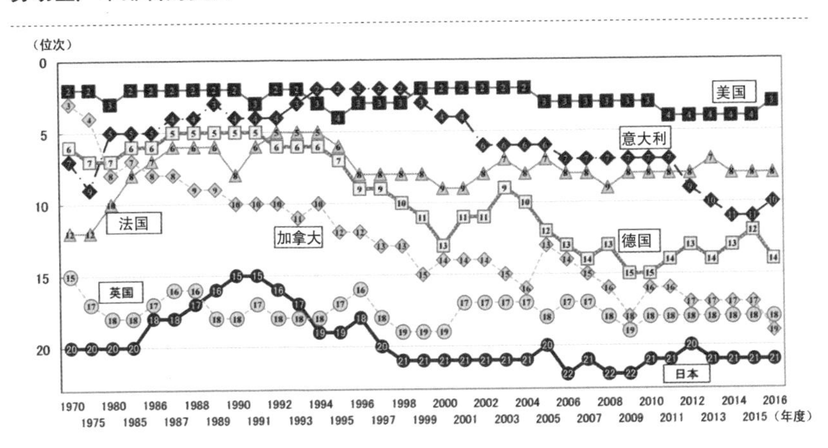

日本的劳动生产率排名世界第21位，在发达国家中位置最低，只有美国的2/3。

※出处：日本生产率本部 2017年版资料

提高劳动生产率与对抗颠覆者

企业必须直面突如其来的危机，
而对抗之术就从学习孙子的“知己知彼，百战不殆”开始吧。
2500年前的智慧在现代也行得通。

◆ 提高劳动生产率

正如SEC.38、SEC.39所言，日本企业正受到数字颠覆者的威胁，并面临劳动人口减少的危险状况。对此无动于衷的企业将会逐渐衰落。

那么，企业怎样才能在这一危机的状况下生存呢？首先必须做的就是SEC.39介绍的提高劳动生产率。由于和其他发达国家相比劳动生产率明显低下，所以一定有改善的余地。

下图是提高白领阶层劳动生产率的措施。详细内容将在SEC.42予以说明。

如何提高白领阶层劳动生产率

每个人的工作任务效率化

- 除了完成自己的工作或业务，
  还要思考如何有效利用时间
- 为了提高所属公司产品或服务的附加价值，
  磨炼个人的工作能力（营业能力或工作速度等）

组织整体的工作任务效率化

- 改善对业务的迟缓判断
- 通过交流构建信任关系
- 废除加班

◆ 对抗颠覆者

针对颠覆者的对抗措施也必不可少。颠覆者通过智能手机和SNS这些通行的武器一举走向世界。但是值得庆幸的是，由于日语的强大语言壁垒和各种规定，数字革命对日本的冲击来得相对迟缓。但这也只是时间的问题。如何依托数字化进行技术创新是政府面临的紧要课题。如果在颠覆者正式进入日本市场之前不采取对抗措施，那么日本企业就会陷入存亡危机。

在第二篇介绍的金融科技热正是因金融行业面对颠覆者出现做出反应的产物。和起源于美国的风险企业开发的新型金融服务相同的服务数月内也会在日本上市。尽管大银行担心依旧保持着传统状态的金融界秩序会被破坏，但日本还是掀起了金融科技的热潮。

颠覆者将会出现在所有行业并破坏行业秩序。为了避免这种状况，首先定期观察企业所在行业的世界市场并收集相关信息就变得尤为重要。谁也不知道何时、何处会出现颠覆者。如果出现了威胁企业核心事业的颠覆者，就需要迅速实施对抗措施。

企业的生存之道

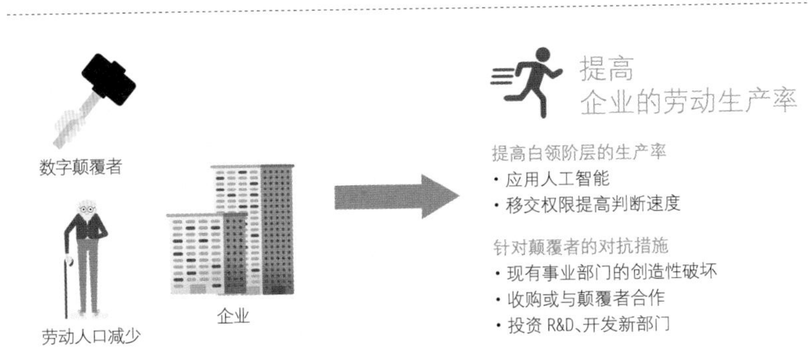

制定针对冲击日本企业的两个威胁的对抗措施成为当务之急。

对抗数字颠覆者的措施

春秋战国时代也好，数字革命时代也罢，智慧和知识都同样重要。

无论使用多么先进的数字工具，如果使用者没有智慧其效果也会减半。

◆ 对抗数字颠覆者的措施

如何抗衡数字颠覆者？笔者认为可包括以下三方面措施。

第一，收购颠覆者，无法收购则考虑合作。Google或Microsoft不断收购有前途的风险企业，抢先一步摘掉风险的萌芽，并且不断引进拥有优秀头脑的员工，通过提供新服务推动企业的进一步成长。

第二，模仿颠覆者的商业模式，开始同样的服务。Uber投资中国时，类似的出行服务平台滴滴也迅速上市，大获成功并把Uber逐出了中国市场。

由于颠覆者总是尝试破坏企业自身的事业，因此建立相似的服务就会被认为是否定现有的事业。但即使这样也比企业的事业被毁灭要好。著名管理学教授克里斯坦森（Clayton M. Christensen）在其著作《创新者的窘境》中写道，重视可靠利润的优秀管理会因为“推迟投资划时代的新服务而失去行业领导的地位”。

投入否定现行服务的新服务会出现两败俱伤的情况。但是，只有开拓新服务才会优先取得新市场。

第三，稳步投资R&D实现创新。2016年日本R&D投资总额是18.4兆日元，为美国的1/3，中国的一半。增长率也低于海外企业，比较截至2017年10年间的增长率，与是亚洲的4.1倍、增加了86%的美国相比，日本仅增加了12%。现在，人工智能、IoT、VR/AR/MR、IPS细胞、染色体编辑等最尖端的技术不胜枚举，企业自身成为变革者才是最强战略。

对抗数字颠覆者

收购颠覆者
与颠覆者合作

收购或与有前途的企业合作，
吸引优秀人才，
以推动进一步成长为目标

模仿颠覆者
开始新服务

用类似的服务抢先占领
新服务开拓的市场

进行技术创新

稳步投资 R&D使企业
自身成为变革者

为了抗衡数字颠覆者可以考虑以上3方面措施。

SECTION 42

提高劳动生产率的对策

让企业具备能够经受激烈生存竞争的“肌肉”有几种方法，即为肉搏战做准备而磨炼个人技能，为总体战做准备而进行组织改革。

◆ 提高劳动生产率

如何提高劳动生产率？如前所述，日本企业的劳动生产率在发达国家中排在最后。日本擅长的制造业推广产业机器人的使用，也似乎在不断努力提高生产率。的确，在世界竞争力强劲的日本制造业工厂中都在推动着自动化和IT化。

但是，办公室的白领们依旧每天理所当然地加班和长时间劳动。不提高白领的劳动生产率也就无法改善企业整体的劳动生产率。

前文中已稍作介绍的提高白领阶层生产率的对策大体可分为两种，即个人工作任务的效率化和组织整体的效率化。

如果能将每个人的任务，哪怕只是一部分自动化，就可以缩短工作时间。最近出现了用于任务自动化的工具，2017年后半年会逐渐成为热潮。

在组织效率化的问题上，日本企业一些不良传统始终饱受争议，即组织判断迟缓，总是无法给出负责任的结论。由于日本企业授权模糊，在第一线无法做出负责任的决定，这类事件时有发生，因此第一线每次都需要和上司请示，而管理层有着强烈的明哲保身意识，进而又会依赖于更上一层领导。不可能期待这种形式的组织可以进行快速管理，而这将最终导致劳动生产率的低下。

要改善这种极度低效率的组织形式只有进行组织改革。仅仅要求第一线负责人承担责任还不够，应该明确并移交权限。委托第一线责任人做判断会有风险因素，但是不积累决策经验的责任者到什么时候都会缺乏决断能力。也许会有几次失败，但风险由上司来承担，就会有助于组织培养判断力，进而提高组织整体的活力和判断速度。

由于专业技术职种的劳动生产率高，就有了专业职种比率高的组织其劳动生产率也高的定论。

提高白领阶层的生产率

●任务自动化

每个人的工作任务通过
RPA或 AI技术实现自动化，
以大幅度减少工作量，
提高生产率。

●组织改革

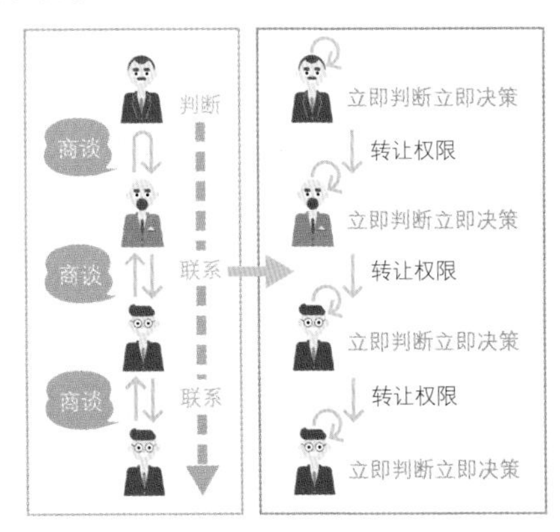

进行组织改革，
向下属放权，
提高判断速度。

为了提高劳动生产率，有必要从个人和组织两方面加以应对。

SECTION 43

通过RPA实现任务自动化

近年来数字革命不断扩展，相当于赋予了企业强大的武器。企业没有不使用这些数字工具的理由，请选择与企业相匹配的武器。

◆ RPA是什么？

下面将介绍任务自动化的方法。如SEC.42所述，近年来任务自动化不再仅限于企业，在各级国家部门中也得到了普及。

在任务自动化的工具中，“RPA（Robotic Process Automation机器人流程自动化）”被广泛使用，即运用AI或机器学习等机器人代替从事以往由白领阶层人工完成的工作的软件产品。

什么是RPA？

RPA（Robotic Process Automation）

日本从2016年开始引进RPA。以往在白领阶层中，以文件数据处理为主的琐碎繁杂的大部分业务都由人工完成。为了使这种复杂的办公室工作更具效率，引进RPA最为合适。数据处理不允许出现差错，而RPA根据一定的规则进行操作，因此引进RPA不仅可以防止人为差错，还可以削减人工成本并使人才资源再分配成为可能。

◆ RPA能够完成的工作

下图是办公室工作示例图。首先将传真发送过来的大量票据等用扫描仪的OCR（文字识别）软件输入计算机，并将票据做成文件保存至共享文件夹，最后将文件通过电子邮件发送给上司，从而完成这一系列的任务。

如果使用计算机完成这一系列办公室的日常工作，则RPA可以将其全部自动化。如果是微软windows的应用程序，一般的RPA应全部可以进行操作。RPA的特征就是，即使是工作负责人也可以很容易地向RPA发出一系列任务指令。因此，引进RPA才较为简便，并有可能在公司内部普及。

RPA的引进改变了什么？

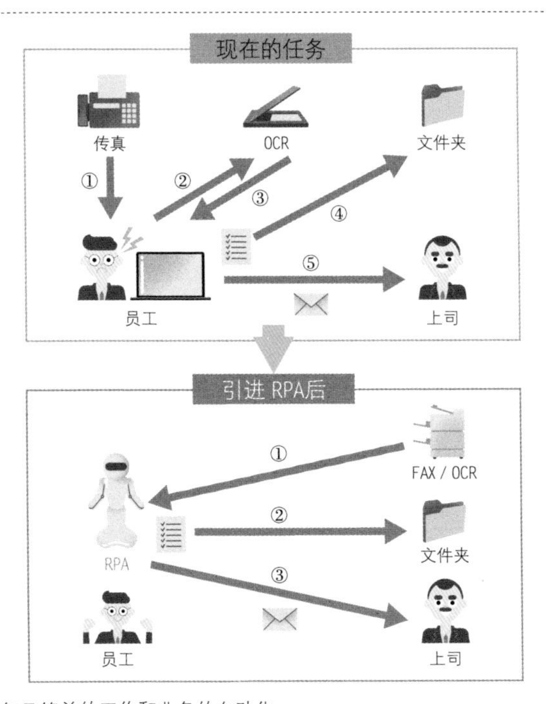

RPA可以实现重复且简单的工作和业务的自动化。

◆ RPA的优点与缺点

引进RPA将员工从简单的事务性工作中解放出来，解决了人手不足的问题。RPA不受时间束缚，24小时都可以运行，大大提高了生产率。而消除操作失误也使业务质量得以提高。由于引进RPA的优点很多，因此近年来掀起了引进RPA的热潮。

如果是人使用计算机进行操作，那么RPA一般都可以运行。但如果不是一定期间不断反复进行的工作任务，设置RPA就会出现浪费。因为RPA运行期间会占用计算机，导致工作人员无法使用。而且，任务中使用的应用程序画面稍有改变就会出现故障。当然，即便有这些需注意之处，但由于总体效果很好，RPA仍得到了积极的应用。

十几年前曾经流行过Excel的应用程序自动化。当时，每次Excel或微软的升级服务都需要修改宏命令，且因负责人调动或离职不在而无法使用的情况也常常发生，热潮也因此消退。RPA应该吸取这一教训。

引进RPA的优点和缺点

优点

- 员工从单调的事务性工作中得到解放，人手不足的问题得以解决
- 无关工作时间长短，可以24小时运行，提高了生产率
- 没有操作失误，提高了工作质量

缺点

- 占用计算机
- 存在因改变系统而发生误操作的风险

即便有缺点，但引进效果更好

◆ 应用RPA的案例

RPA是提高白领阶层劳动生产率的有效工具。如下图所示，企业内部应存在很多可以由RPA替代完成的事务性工作。输入数据的工作当然可以替代，但不再需要核对工作这一效果意义更为重大。在计算机上同时打开多个窗口，并对这些窗口上显示的各种数据进行统计，如此烦琐的工作任务不在少数。这种复杂的任务很容易发生输入错误，但RPA却可以保持正确。除了事务性工作外，RPA也可用于在开发AI系统时制作大量教师样本、从互联网上收集数据等。

应用RPA的案例

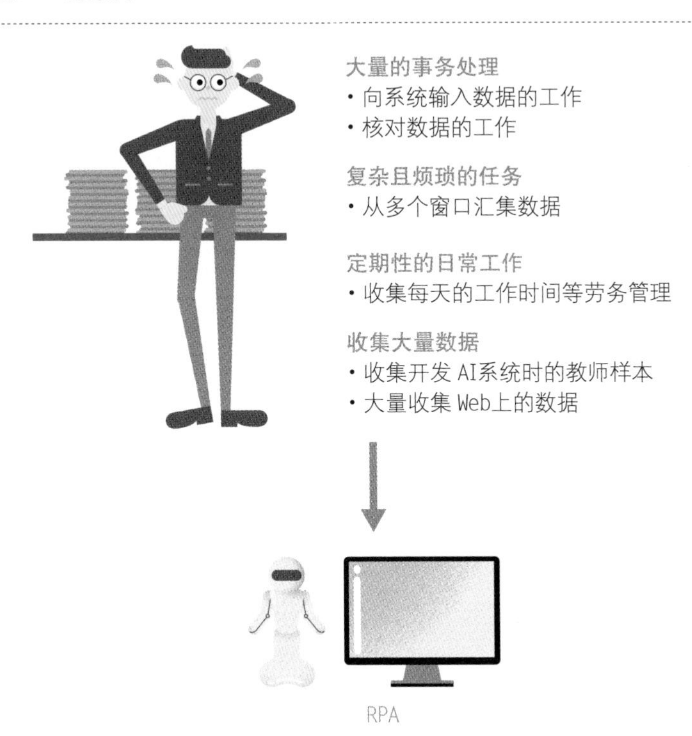

白领的业务有很多日常工作，因此开始引进RPA。

SECTION 44

从RPA开始的理由

操作便捷的RPA不仅可以直接提高劳动生产率，

还有助于商业人士重新认识各种业务和自身的作用。

◆ 通过RPA改变员工的意识和未来

与进一步提高企业劳动生产率的对策——“做好应用人工智能的准备”息息相关也是引进RPA的好处之一。但是，在企业内运用AI技术并非易事。

制造业的工作程序总是十分明确，因此可以在提高工作效率方面进行日积月累的改进。但是，在白领事务性工作中这样的意识却依然没有确立，有很多例外的处理业务或“加塞”进来的工作，工作效率低下也是事实。如下图所示，引进RPA需要“业务的透明化”，即业务内容的可视化、工作程序的明确化和流程化。测算工作时间，为了提高效率重新调整工程，在此基础之上筛选出工时多的工作和较易实现自动化的工作。培养负责人客观看待事物和提高业务效率的工作意识非常重要。

利用了AI技术的工具比RPA更可以实现精准判断和自动化，但由于引进和维持成本过高，符合ROI的业务并不多。从这一点来说RPA经济又实惠。

中小企业应该从引进RPA开始，通过解决人手不足，切实提高企业内的劳动生产率，进而使提高业务效率的方法在第一线扎根。但如果是大企业，因为会与颠覆者直接对峙，故而提高白领的生产率就是当务之急。应通过RPA尽快把优秀员工从日常业务中解放出来，积极创新，开发可利用人工智能迅速提高生产率的业务。

业务的可视化与任务分担

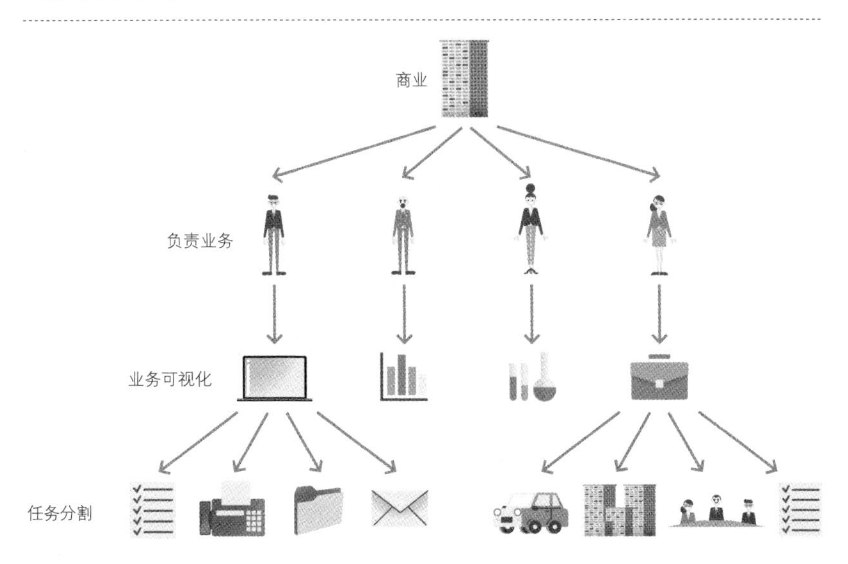

通过引进RPA，将可实现负责业务的可视化和任务分担以及员工意识的改革。

RPA与应用人工智能息息相关

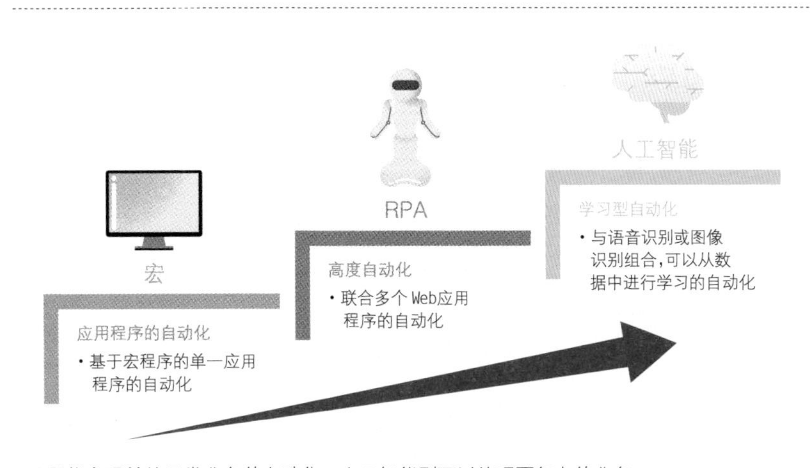

RPA只能实现单纯日常业务的自动化，人工智能则可以处理更复杂的业务。

专栏 | 人工智能小语③

人工智能研究的创始者明斯基

马文·明斯基

We will find ways to replace every part of the body and brain—and thus repair all the defects and flaws that make our lives so brief.

人工智能研究的创始人明斯基（Marvin Minsky）1927年出生于纽约。儿童时期就是天才，曾独自创作歌曲、组装收音机，还合成过氯乙烷。

据说曾有这样的轶事，在5岁接受智商测试时，面对考官提出的问题——“假定在草地上丢了球，草地上杂草丛生看不见球，最不浪费时间就能找到球的办法是什么？”，明斯基的回答是“从外往里螺旋式寻找就能找到”。但考官的正确答案却是“从草地中心向外螺旋式寻找”。明斯基对自己的答案非常自信，无法接受考官的答案而要求考官解释。考官说自己只是按照答案手册回答的，无法说明理由。

正确答案正是明斯基主张的那样，从外至内螺旋式寻找。这是由于螺旋的半径越小，重合的面积就越大，浪费也就越多。

1956年，在明斯基的倡议下，在达特茅斯召开了第一届人工智能会议。之后迅速发展的人工智能技术的基础就是基于这一时期的研究成果。明斯基在麻省理工学院组织了人工智能研究小组，并担任人工智能研究所所长，2016年去世，享年88岁。明斯基在推特上最后的留言是：“我们一定能发现替代大脑和身体所有零件的方法——这样就可以修改让人生如此短暂的所有缺陷。”

PART 4 人工智能时代的人才

人工智能技术的通用性

面世不久的人工智能技术对世界的影响不可估量，
或许与互联网对世界的影响一样甚至更加深远。

◆ 人工智能技术的高通用性

根据厚生劳动省的资料，2017年日本的总就业人数超过5800万人。下图列出了各个行业的就业人数。正如今天已经看到的，人工智能技术与IT一样，甚至会比IT对全行业的就业产生更大的影响，这是由于人工智能技术是可以被所有行业使用的通用性很高的技术。

各行业就业人数

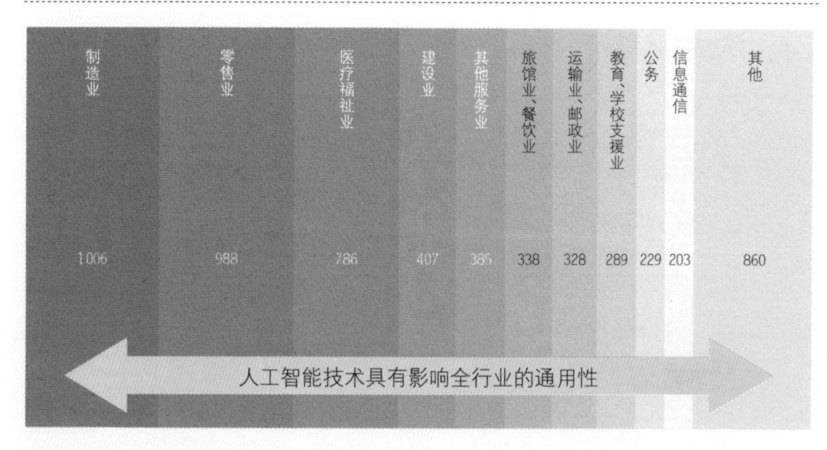

本表分别列出日本各行业的就业人数。
※出处：劳动政策研究研修机构 2017年资料

◆ 人工智能难以发挥作用的行业将会在未来生存

第三部分已经说明，受到少子化影响的日本就业人数不断减少，人手不足将成为常态。作为对策，企业应积极使用机器人流程自动化（RPA）和人工智能技术，否则未来将无法生存。

如果上述趋势无误，那么将来单纯和常规性的工作将会减少并最终消失。尽管可能需要数十年的时间，但最后生存下来的将是人工智能不擅长的高端工作以及换装人工智能反而成本更高的行业。

人工智能并不具备的是设定课题的能力。现在的人工智能无法自行设定课题，而只能解决被赋予的课题。当今只有人类才可以分析周边状况并从中发现问题，设定应解决的课题。

此外，与人进行沟通的重要工作等人工智能也无法完成，如在SEC.27中所述，现在的人工智能即便可以回答提问，理论上也难以进行自然“对话”。

人工智能难以进行需要创造力的工作。如SEC.7中所述，如果使用生成式对抗网络（GAN）还是可以对原件进行模仿并输出原件与模仿的组合。但进行完全独创性的创作目前并无可能。原本能够进行没有先例的独创性创作的人也是凤毛麟角吧。

还有一些工作尽管可以由人工智能替代，但其引进成本却很高。比如仅是处理意外的服务、原本市场就很小的利基市场（niche market），由于学习成本过高而得以存留。

人工智能无法应对的高要求行业

随着RPA和人工智能的普及，常规工作将逐渐减少，高要求的工作逐渐增加。

SECTION 46：AI对职业的冲击①

人工智能会抢走工作吗?

最近，经常会听到人工智能抢走了工作的事情。
但是，也有反对意见认为它不仅仅是抢走、也会增加工作机会。
无论怎样，唯一可以确定的是人工智能将对职业产生重大影响。

◆ 自动化带来的影响

下一页的图引用了野村综合研究所2015年发表、在社会上引起轰动的《日本的计算机化与工作的未来》中的图表。这篇论文探讨了日本601类职业的自动化可能性，并推算出今后数十年职业自动化率以及这些职业从业者的数量。

表中横轴是职业的自动化率，纵轴是在这一职业中的就业者总数。一目了然的是，从业者两极分化为高自动化率职业和低自动化率职业。也就是说，49%的从业人员位于自动化可能性高的职业中。

自动化率越高，表明自动化越可能早日到来。自动化率达到99%的职业包括火车或地铁司机、财会人员、品质检测员、普通事务人员、包装工作人员、公交车司机、搬运工人、捆包工人、收银员、制本工作人员等。实际上，这些都是目前正在实现自动化的职业。公交车自动驾驶也正在日本的道路上进行试验。

除了上述职业外，会计监查人员、税务职员、行政书士、专利代理人等并非单纯工作的专业职业自动化可能性也很高。其理由在于现阶段存在着提供这些功能的云服务。由于政府正在率先计划实施行政手续的一步到位服务化，因此会计处理和税务处理等也存在一个人即可简单完成的可能性。

反之，自动化率在0.2%以下的职业包括精神科医生、国际合作专家、职业治疗师、言语听觉师、产业咨询师、外科医生、针灸师、聋哑人学校教员、化妆师、儿科医生等，都是以人为对象的专业人士。杂志记者、中学教员、律师、牙科医生等被列入替代风险较低的职业，而翻译、司法书士等职业位居中游。

日本的计算机化与工作的未来

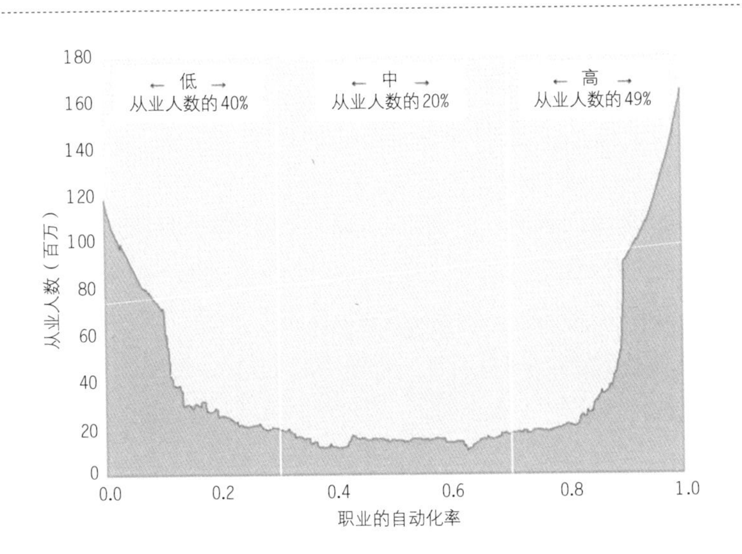

根据野村总研的资料，工作由机器替代的职业和无法替代的职业出现了两极分化。

※出处：野村综合研究所 2015年资料

由机器替代概率小于0.2%的职业

精神科医生、国际合作专家、职业治疗师、言语听觉师、产业咨询师、外科医生、针灸师、聋哑人学校教员、化妆师、儿科医生等。

由机器替代概率为99%的职业

火车或地铁司机、财会人员、品质检测员、普通事务人员、包装工作人员、公交车司机、搬运工人、捆包工人、收银员、制本工作人员等。

中级熟练工将失去工作

SEC.46中介绍的论文通过使用机器学习的方法推导出了结论，
即因为使用了定量化参数的统计方法进行分析，所以可能性只有一种。

◆ 发达国家自动化可能性高

SEC.46中介绍的野村总研论文是牛津大学研究技术与就业问题的经济学家和机器学习专家联合研究的成果。这一论文提到的“高技能职业与低技能职业的两极分化现象”似乎是发达国家的共同现象。2013年发布的美国就业自动化可能性的研究表明，美国47%的职业存在自动化的可能性，从技术层面看这是一个很高的数字。

◆ 社会知性和创造性阻碍了自动化？

很多论文都指出，计算机技术的发展是导致中等收入层空洞化的原因。随着大数据的使用和机器学习的发展，计算机甚至可以完成复杂高端的工作。因此，拥有中等技能就业人员的可去之处将逐步减少。

但是，这一论文反映的只是从技术观点分析结果的可能性。如果详细阅读这篇论文的分析方法就会发现，论文从601种职业中选择了51种，并认为其中的24种可以实现自动化。各种职业都有工作环境、知识、职业兴趣、职业价值观等工作内容的详细且定量的说明，并分成30个变量。

论文将这51种职业作为教师样本，通过逻辑回归等算法进行机器学习并得出结论。

通过机器学习的总结，极其阻碍自动化的特征依次为“艺术人文科学的知识”、“人事技能”和“传统型组织者”等，用非常独特的语言表达了社会知性与创造性阻碍着自动化发展的结论。

在现实中，并不是说仅仅由于这篇论文提到的技术性理由才使工作实现机械化。机械化和自动化是从经济角度讨论的问题。一般而言，如果成本不合算，企业不会进行自动化。但由于IT的成本直线下降，因此要求就业人员高职业技能化就将不可避免。

人工智能及机器人可替代性高的劳动人口比例

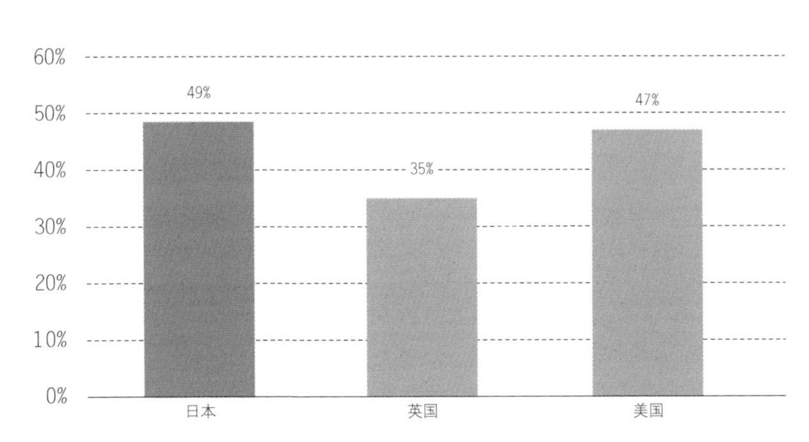

截至2013年，从技术层面看，美国47%的职业自动化可能性极高。

※出处：野村综合研究所 2015年资料

※另：美国的数据出自奥斯博恩副教授（Michael A. Osborne）和菲力博士（Carl Benedikt Frey）合著的*The Future of Employment*（《未来就业》2013年）一书，英国的数据出自奥斯博恩、菲力的合著以及德勤咨询公司（Deloitte Tohmatsu Consulting）的调查报告（2014）

经济界需要的资质和能力

企业对人才的要求随着时代不断变化。
现代社会进入了数字化时代，
但正因为如此，才不会需求只能进行数字思考的人才。

◆ 在工作中要求的能力①

政府和经济界需要什么样的人才呢？经济产业省产业人才政策室在2017年11月发表了《产业界对能力、技能的要求》报告。

这份资料指出，商业环境的变化正在导致市场需求多样化和商品周期短期化，而IT化的发展则推动了单纯工作的机械化。为此，由于企业的经营课题正在转为创造新价值，因此就有必要“明确工作所需能力”。针对这一需求，经济界为“企业需要的人才与必要的资质能力”列举了以下4点。

企业需要的人才与必要的资质能力

- 在急剧变化的社会中，发现问题并通过团队合作予以解决的能力（问题设定能力与解决能力）
- 不回避困难而是迎面而上克服困难的能力（耐力和魄力）
- 尊重多样性，在接受不同文化的同时提升组织力的能力
- 与价值观不同的对方进行双向且真诚相互学习的对话能力（沟通能力）

◆ 在工作中要求的能力②

经济界的要求还进一步包括“博雅教育（liberal arts）、信息运用能力、双向真诚相互学习的对话能力”等。

博雅教育在日文中翻译成“教养教育”，是指能够为社会做出贡献的广泛领域而非专业教育等狭小领域的知识。这一建议的特点是强调了“课题设定能力”。

耐力和沟通能力是一直以来强调的内容。长期以来，日本存在着无论在学校还是工作单位都只要求“协调性”的传统。为此，擅长与他人合作的人众多，但可以主动思考设定课题的人却有限。正如经济产业省和经济界所认识到的那样，在高速变化的现代IT社会中，仅仅依靠协调性是无法生存的。

经济界要求的能力

- ☑ 自主设定课题并主动寻求答案的能力
- ☑ 有逻辑地自主论述意见的表达能力
- ☑ 外语沟通能力
- ☑ 接受过博雅教育，尊重多样性并与他人合作完成工作的能力
- ☑ 尽管是理工科出身也学习包括人文社会科学在内的众多领域的科目
- ☑ 尽管是人文社会科学学科出身也学习尖端技术和数理化基础知识
- ☑ 对高质量信息进行取舍、将信息用于解决问题的信息运用能力

人才培养措施

长期以来，日本始终重视录用人文学科的人才。

为此，依然有相当多的商业人士IT技能较差。

但是在数字革命时代，IT技能是必备之物。

◆ 政府的人才培养措施

下图是笔者根据采访总结出的经济产业省和经济界人才培养措施简图。

这份资料从所有企业中选取了汽车、飞机和化学领域进行调查。基于“技术革新与商业模式革命的相互影响”“数字化”“向应用领域扩散”将成为全球竞争关键的认识，得出了跨业种能力和技能需要IT人才的结论，并总结出如何培养这种IT人才的内容。

图中，位于三角形底边的是教育机构。其措施包括在小学、中学和高校计算机编程教学的必修化和加强数理及数据科学教学等。要求所有的商业人士都掌握IT素养的标准内容。对于核心IT人才，要同时学习跨领域的IT技能和产业专业技能，并不断进行新的学习和技能升级。而最高水平的IT技术人才和商业创造者（Business Producter）则与创新政策一体化进行培养。

如同简图所述，总体结论就是强烈要求“将以数量压倒性的IT、数据人才为中心，举国打造具备新技能和能力的人才培养与教育生态系统”。

从20世纪60年代的经济高速增长时期直到最近，在日本一般都是人文学科出身、在总务部门和营业部门工作过的人出任企业的最高领导。直到最近还有大企业的最高领导公开说自己“不懂IT”。这样的日本企业是不可能有创新的。近年来，经济产业省和经济界总算改变了认识，开始重视数理化教育。尽管阅读本书的读者不会有这方面的问题，但还是请读者对“所有商业人士都必须具备IT素养的时代已经到来”保持清醒的认识。

第四次工业革命要求的人才

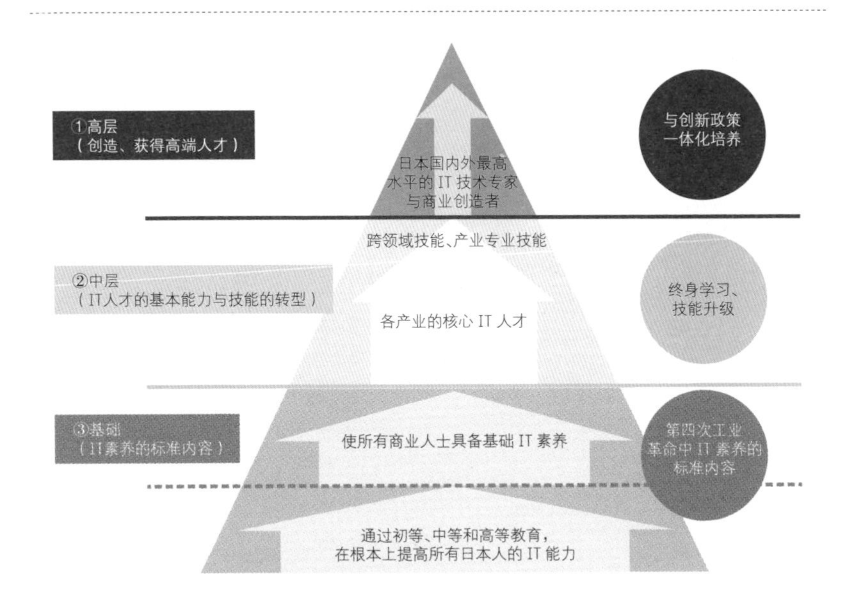

与创新政策一体化培养

未来 IT青年人才、IoT推进实验室、指定日本的国立大学、卓越研究生院、加速产学官合作、精英人才培养大纲、高端外国人才等

终身学习、技能升级

IT人才需求、IT技能标准的彻底修改、人才培养的彻底扩充等

第四次工业革命中 IT素养的标准内容

- 与大学等合作重新学习 IT和数据技能等
- 小学、中学和高校计算机编程教学必修化、新的实践性高等教育机构、加强数理和数据科学教学等

※出处：经济产业省产业人才政策室资料 2017年11月

SECTION 50

所需人才

今后，人工智能将被日益运用于社会发展之中。
在这样的时代里，企业需要的人才应该具备哪些素质呢?

企业的需要

在此对产业界需求的人才稍作具体说明。下图由经济产业省资料汇总而成。

产业界要求的能力

①课题设定能力,目标设定能力

自己设定课题和假设的能力

②利用数据和IT的能力与技能

分析和利用数据的能力,IT职业素养

③沟通能力

语言能力与提出主张、进行反驳的辩论能力

④组合专业知识与技能的跨领域实践能力

超越个人、组织和业种进行组织的逻辑思考力

⑤成为领导的素质

明确的目标和愿景,不妥协的强烈意志与自豪感,调动周围人积极性的能力

※出处：经济产业省人才育成推进会议资料

需要的3种技能

上图中最先提到的是课题设定能力。而产业最希望的人才技能组合参见下图。

并不是要求所有商业人士都具备“商业能力”、“数据科学”和“数据工程（Data Engineering）”这3项组合技能。但是，如果是具备这一组合技能的人才，无论在今天还是将来都会成为财富。

以往国际认证协会（IPA）的信息技术服务标准（ITSS）也将与经济产业省的方针配套，将这个技能组合作为新“ITSS+”予以实施。ITSS+是指从2017年后在ITSS中新增加了“安全领域”、“数据科学领域”、“IoT解决方案领域”和“敏捷软件开发（Agile）领域”。经济产业省的主页已公布了这份资料，请读者一定加以参考。

产业界要求的3种技能

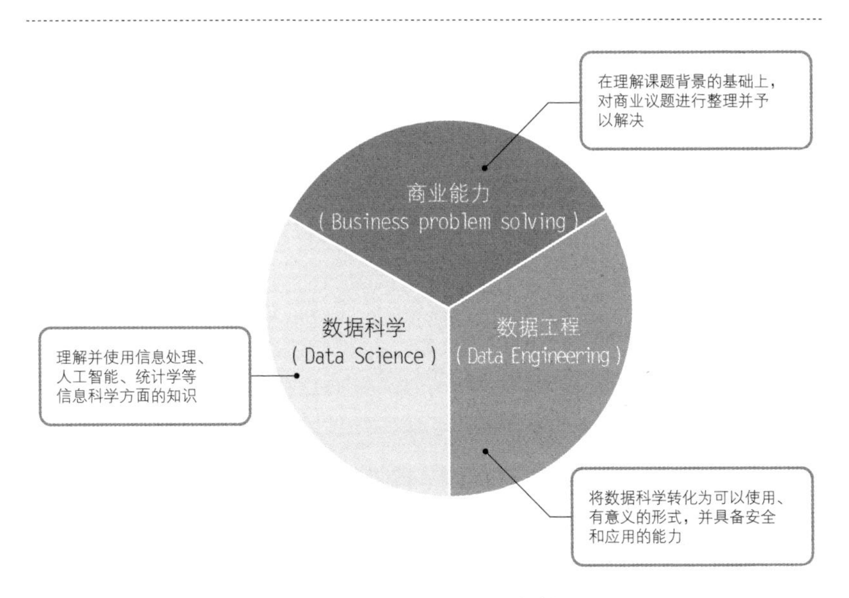

产业界需要“商业能力”、“数据科学”和“数据工程”3种技能。
※出处：产业构造审议会新产业构造部会资料 2016年1月

SECTION 51

持续快速发展的IT行业

现代IT社会中，技术以月为单位不断更新。
人们不可能追踪到所有最新信息，
因此有必要具备识别“可继续生存”技术的眼光。

◆ 先进技术的技术成熟度曲线（hype cycle）

下图是美国咨询公司Gartner每年发布的先进技术的技术成熟度曲线。本图绘制了IT界中备受关注的技术，纵轴为期望值，横轴为时间曲线。

先进技术技术成熟度曲线

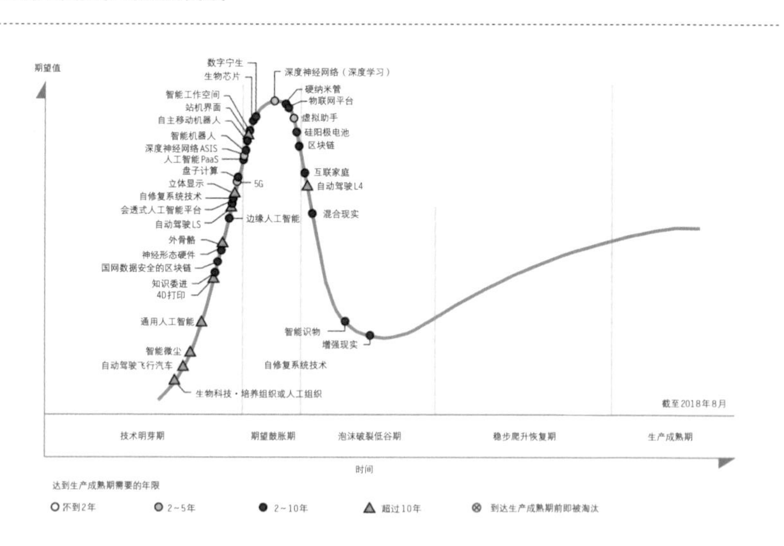

Gartner正在关注今后5-10年间有可能拥有高度竞争优势的一系列高科技。
※出处：Gartner技术成熟度曲线 2018年版

◆ 通过技术成熟度曲线看技术的潮涨潮落

每年笔者都很期待看到夏天发表的这份资料，因为通过这份资料可以一目了然地了解美国正在关注什么最新技术。

技术成熟度曲线是Gartner公司开发的。其思路是，在IT界新的技术与产品一旦公开，最初阶段往往由于期待值高而导致关注度飞速上升，即处于技术萌芽期。但即使是这样的新技术，由于各种原因基本上都不会达到预期的效果。为此，到达过度期待的峰值的技术就会进入泡沫破裂低谷期。从此走向灭亡的技术有很多，但也有一部分达到可应用阶段的技术逐渐被引进到商业领域，被称为稳步爬升恢复期。其后，如果技术趋向稳定，则进入生产成熟期并得到推广。

◆ IT界技术的进化速度

过去数十年来，IT界的确涌现了一个接一个的“划时代新技术”。笔者长年在IT界工作，对发布的“划时代新技术”已不抱过度期待，转而通过从这个技术成熟度曲线得到的印象来接纳新技术。

IT世界中的技术急剧变化，就算是精通了一项技术，也不可能将这项技术用上几年。特别是AI技术这种倾向非常明显，每隔几个月就会有新的算法公布。由于IT技术正在以连专家也难以跟进的速度不断进化，因此实际上无法落实到可被用于商业的工程学上。商业界需要的就是可以追踪这种技术进步速度的人才。

SECTION 52

适应时代变化的能力

尊重稳扎稳打努力工作的人是日本的传统。

即使在今天，最后胜出的也应是勤奋者。

但如果努力的方向无法符合时代的节奏也无法成为赢家。

◆ 技术成熟度曲线的变化

笔者通过长期观察发现，技术成熟度曲线上陆续出现的新技术并不仅仅单纯从左侧向右侧移动。

2015年版的技术成熟度曲线中，机器学习已经进入了泡沫破裂低谷期，现在非常流行的深度学习还没有出现。而在2017年版中，机器学习与深度学习都位于曲线的顶部，但2018年版（参照116页）中机器学习则消失了。

◆ 终身技能的升级

如果是开发新技术的研究者，会意识到自己的研究存在着是否成功的风险，其资金支持者也是如此。但是负责产品开发的工程师们由于有义务按照最初制订的计划进行开发，自然希望尽量减少风险。因此，优秀的工程师工作再忙也会经常追踪最新技术，一旦有机会就会想办法将最新技术运用于产品开发。由于唐突地将新技术装备在产品中风险很高，健全的开发组织将允许工程师获得学习新技术的机会和进行应用于产品的实验性开发。从技术成熟度曲线（116页）上看，将进入曲线变化缓慢的稳步爬升恢复期和生产成熟期的技术投入产品的就是原本的工程学。

但是近年来，IT世界技术进步正在日益加速。风险企业并不在乎风险，而试图动用最新技术、以最高性价比的产品迅速席卷市场。为了与其他企业对抗，如果不在新产品上使用新技术，则难以在成本与功能上获得优势。为此，企业必须调查信息缺乏的新技术，完善开发环境，并尽快将新技术利用到产品开发中。

以往，前辈工程师会将自己不断积累的技能和经验传授给后辈工程师，形成往复循环的师徒制度。但现在这种慢节奏已无法持续下去。企业只能追赶并不断学习涌现的新技术，进行高风险的产品开发。

进一步来说，对工程师而言这种技术冲浪必须持续一生。学习5年技术就可以靠这门技术享用一生的言论已成梦话。如SEC.49中所述，政府也希望IT人才可以努力追求终身技能的升级。

终身技能的升级

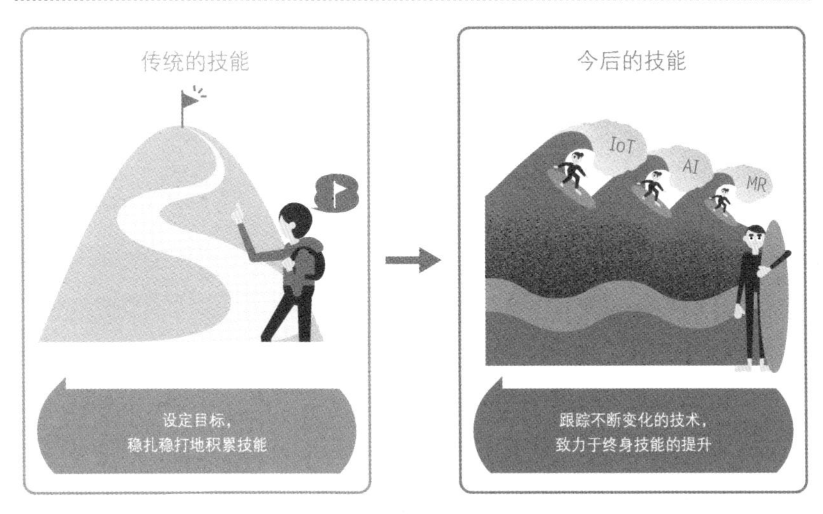

需要具备对不断涌现的新技术进行随时追踪这一能力的IT人才。

识别真实的知识与信息

《孙子兵法》不仅仅在企业中发挥作用，
为了无论何时被置于生存竞争中都能胜出，
商业人士有必要了解数字时代的现状。

◆ 现代社会信息量过大

现代社会信息大量出现，由于互联网的普及，已经进入了全球信息蜂拥而至的时代。正如SEC.52中所述，不仅工程师和技术人员，在企业工作的所有商业人士都被卷入了信息大潮。

现代人正在这样的信息大海中挣扎。但是，在竞争激烈的商业社会，必须在生存竞争中胜出。为此，最强大的武器就是知识。信息与知识并不相同。

比如，19000仅是一个单纯的数值，但是如果像下图一样赋予了附加价值，则会变成知识和法则。

赋予“19000”以附加价值的事例

数据	数值＋单位 （19000日元）
信息	赋予数据以意义 （今天的平均股价）
知识	将相关的众多信息分类并体系化 （过去20年间日经平均股价的动向）
法则	在特定现象和存在中的通用模式 （葛兰威尔法则※判断股票交易时机的方法）
真理	在所有现象和存在中的通用法则 （未来是不可预测的）

举例而言，即使得到了今天平均股价19000日元的信息，也无法判断股价是高还是低。但是，如果了解作为“知识”的过去20年间日经平均股价的动向，就可以进行判断。尽管我们必须认识到，今天通过计算机以毫秒为单位的算法进行的交易占了大部分，个人交易没有什么胜机，但如果了解了葛兰威尔法则，则可以进一步判断出何时交易所持股票为最佳时机。

不幸的是，在真假信息鱼龙混杂的现代社会里，如果单纯消遣性地追踪最新信息，只会被淹没在信息大海之中。掌握真实可信的知识并以此筛选信息才是生存之道。

信息的大海与知识

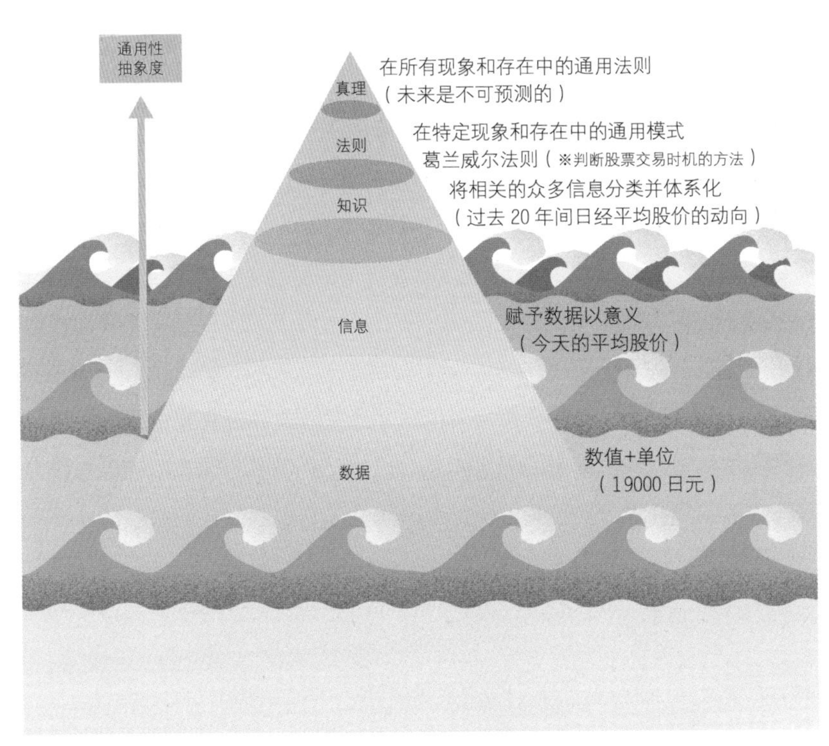

如果掌握真实可信的知识，就不会被广阔的信息大海所淹没。

知识面宽广带来的独特思路和多元思维

数字化时代中，IT 技能当然是必需的，但仅仅如此也是不够的。
正是因为处于数字化时代，
艺术、文学、哲学等人文素养才将发挥更大的作用。

◆ 通过知识组合诞生独特思路

在人工智能已登上舞台的现代社会，只具有本人专业领域的知识远远不够。SEC.48 中提到的博雅教育十分重要。诸如“我擅长物理，但没读过文学”“了解经济但不了解绘画”等，只有狭窄的专业知识是无法产生独特思路的。不同种类的知识加以组合则可以产生新鲜的想法。

正如培根的名言“知识就是力量”，过去通过垄断知识可以产生财富。但是由于互联网的普及，现代社会垄断知识已无可能。无论是有用的知识还是垃圾信息，所有人都可以平等地进行访问。由于信息数量异常庞大，获取真正有用的知识反而变得困难，并且还出现了试图隐藏有用知识而散播虚假信息的人。

在这种状况下，如要获得必要信息，还是需要具备收集信息的知识以及判断信息是否真正有用的识别能力。17 世纪哲学家的格言“知识就是力量”今天依然有效。

哲学家培根的格言

知识就是力量

（拉丁语: scientia est potential）

◆ 社会需要的是多元思维

本章已多次提到，当今社会需要的是具备可以设定课题能力的人才。这样的人才将不是只会解决问题。在学校回答的问题是有正确答案的。但是，社会上几乎不存在有正确答案的事物，社会需要的是多元思维方式。

博雅教育的重要性在于通过掌握各种知识理解多样性，并拥有多元性的观点。通过理解所处状况，从多方面的视角进行观察，就有可能透过现象看到事物的本质，也就可以明白问题存在于何处。

如果可以选择适宜的课题，接下来就只剩下解答了。当然，还必须注意，答案当然不止一个。

必要的知识、素质和判断力

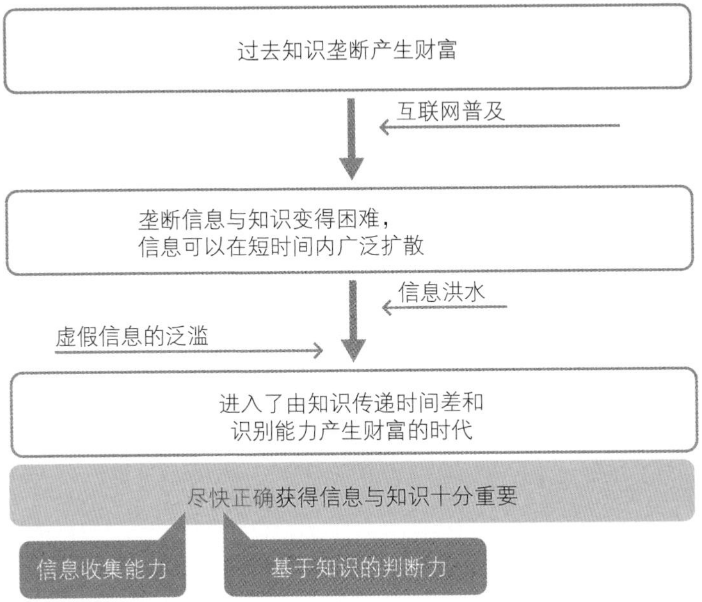

过去知识垄断产生财富

互联网普及

垄断信息与知识变得困难，
信息可以在短时间内广泛扩散

信息洪水

虚假信息的泛滥

进入了由知识传递时间差和
识别能力产生财富的时代

尽快正确获得信息与知识十分重要

信息收集能力

基于知识的判断力

即使在没有正确答案的时代，如果有了可靠的知识、素质和判断力，也会变得“敏锐”。

通过艺术思考进行判断

具备博雅素质的商业人士可以拉开与只能进行逻辑思维的对手的差距，这是因为他们可以从逻辑思维的下一步设计思维上升到艺术思维。

◆ 逻辑思维的重要性

近年来，在商业领域始终强调逻辑思维的重要性，以致几乎所有的商业人士都具备了这一能力。相对而言，SEC.54中提到的生存技能更是针对必须追踪最新技术的工程师的。当然，不是工程师的一般商业人士也有必要具备敏锐判别真假信息的能力和课题设定能力。

请参见下图。如果是现代商业人士，理应不会依赖失败教训和直觉的“模拟思维”，而可以进行以事实为根据的逻辑思维。但是，如果谁都有这个能力，则无法实现差别化。因此需要走下一步棋，这就是“设计思维”。设计思维是指富有实践性和创造性的问题解决方法，在20多年前已广为人知。

本部分已多次提到，由于大量的信息涌入，现代社会是一个复杂、不稳定、不确定和模糊的社会。即使基于事实进行逻辑思维，也无法得出正确答案。为了解决问题，在商业世界中也开始要求提出构思、提出假设并通过实验予以验证的设计思维。

在变化速度慢的时代，基于事实的逻辑思维的确是有效的。但是在动态的现代社会中，想正确把握大量且变化的事实变得十分困难。软件开发正从明确绝对规格式样开始进行瀑布式开发向不断反复尝试的敏捷开发转型也是同样的理由。

设计思维正逐渐在商业世界中普及。在生存竞争中，为了进一步差别化而需要准备下一步。正如下图所示，笔者认为这就是“艺术思维”。可能会有读者批评“总算从经验和直觉发展到理性与逻辑性了，还要再回到非逻辑的世界吗”？绝非如此。艺术思维是在可以进行逻辑思维并有创造性之上的美学和美的意识。在价值观取向多元化的现代社会里，因判断标准而迷失的事例日益增多。大型企业的不当会计行为和质量问题等丑闻频发，就是因为将判断交给了他人。如果具备美的意识，就可以自行进行判断。

商业人士素养的发展

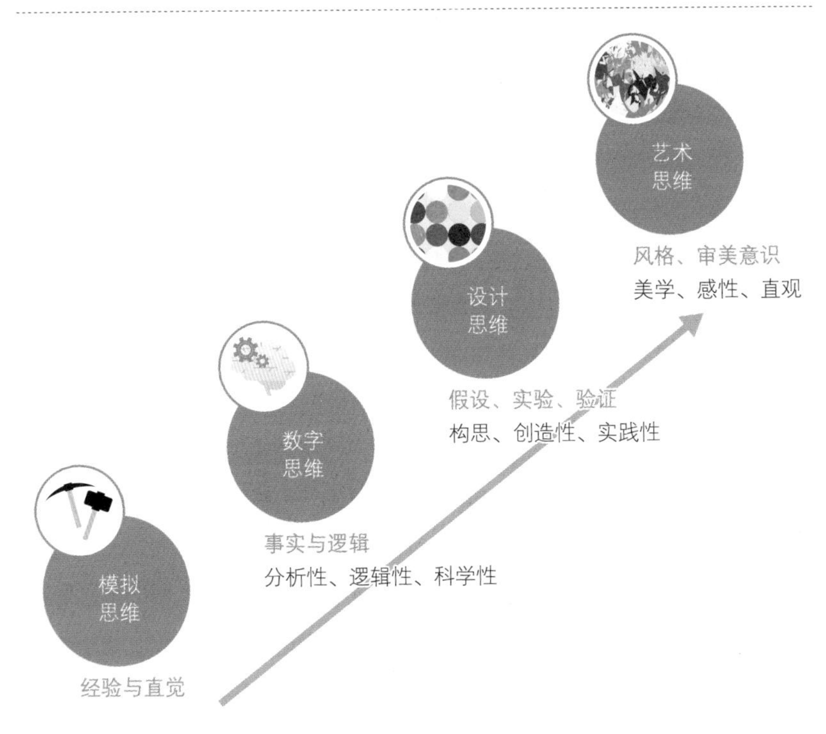

从凭借经验与直觉的时代走向数字思维，进而通过设计思维向艺术思维发展。

专栏 | 人工智能小语④

人工智能会排挤数据科学家吗?

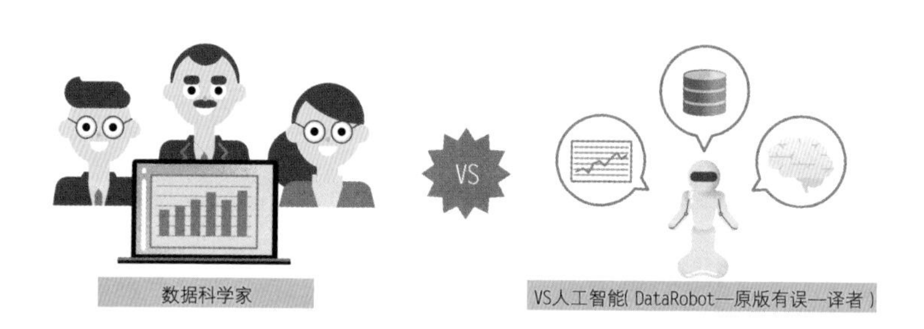

数据科学家
VS人工智能(DataRobot—原版有误—译者)

商业活动解析数据时，数据科学家运用统计学和机器学习的知识构建数据模型，通过数据整形和编程等手工作业在不断试错中向前发展。

资本主义的圣地——华尔街的王者高盛集团2000年左右仅总公司年收入100万美元以上的交易员就有600人。但是，通过运用机器学习掌握交易员的交易方法，计算机进行的股票自动交易逐步占据多数，2017年，交易员只剩下了两名。目前，高盛集团员工的1/3约9000人是计算机工程师。

但是，如果使用最近问世的DataRobot，就可以像动员大量数据工程师通过人海战术进行解析那样，同时尝试多种模型，比较其结果来进行数据分析。年付费用尽管很昂贵，但与雇佣很多数据科学家相比，成本还是低廉的。

针对华尔街投资分析中依赖人工进行知识劳动这一最大的问题，高盛集团宣布将迅速且大规模地推动自动化。

如同积累了莫大财富的交易员被排斥一样，数据科学家的将来也并不安稳。

PART 5

社会变迁中的企业

SECTION 56

世界新潮流SDGs

本篇将从人工智能的结构说起，还将探讨人工智能的商业拓展以及人才问题。先来看看日本和世界的结构及其未来。

◆ SDGs是什么？

本篇将讨论日本和世界今后将会发生的变化。没有人可以看穿未来，但却可以创造未来。日本和世界希望实现什么样的未来？实际上是有蓝图和具体内容的。

2015年9月联合国峰会通过了联合国可持续发展目标，即“SDGs”（Sustainable Development Goals）。联合国193个成员国设定了将在2016年—2030年的15年间完成的17个大目标，以及为实现这些目标的169个具体指标。

17个目标包括面向发展中国家的消除贫困与饥饿、确保健康和教育等目标，以及面向发达国家的能源问题、体面工作、可持续经济增长等目标，甚至涵盖了从气候变化到海洋陆地生物多样性等整体性目标。其基本理念是基于尊重人权的“不放弃任何一个人”。

为了实现这些人类渴望的宏大目标，也为各个具体指标设定了数值目标。每个国家将根据这些数值目标制定政策并付诸实施，而且必须定期监测这些数值并汇报进展情况。

尽管以前联合国也提出过理想的口号和理念，却很难有可行性的措施。但是SDGs规定了数值目标和定期监测，可以看出各国的确在认真对待制定的目标并积极采取行动。

日本政府也加入了SDGs，并于2017年7月在联合国做了进度报告。同时还制定融入了SDGs理念的新的日本科技政策“Society 5.0”。经济团体联合会也继承SDGs的精神，修改了企业行动宪章。同时，要求企业把这一理念纳入企业的社会责任（CSR），即企业必须为实现这一社会责任提供商业解决方案。这也将成为商业人士的目标。

世界目标与商业人士

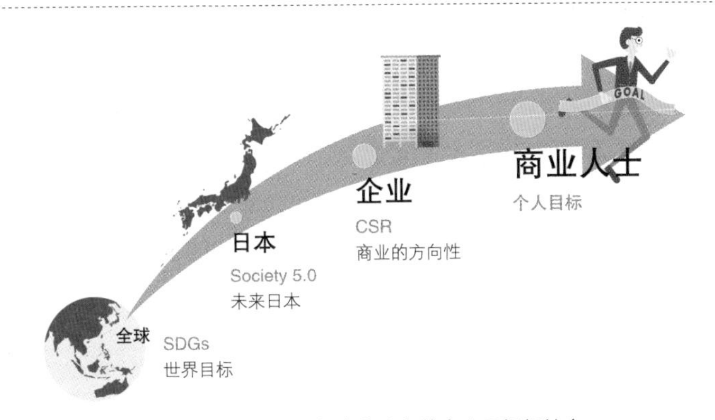

世界目标、未来日本、企业社会责任必须与商业人士的个人目标相结合。

SDGs的图标

在联合国被各国一致认可的SDGs是为实现人类理想而设立的大计划。

SECTION 57

日本的方向 Society 5.0

通产省为日本经济高度增长期描绘了蓝图，

而继承了其理念的现经济产业省也在准备新的蓝图以拯救苦于经济增长低迷的日本。

◆ Society 5.0是什么？

日本内阁府在2016年策划制订了第5期科学技术基本计划“Society 5.0”。Society 5.0是继狩猎社会（Society 1.0）、农业社会（Society 2.0）、工业社会（Society 3.0）、信息社会（Society 4.0）之后新的社会目标，并倡议将其作为日本未来社会的理想状况，即日本思考的未来社会设计图。

Society 5.0是什么？

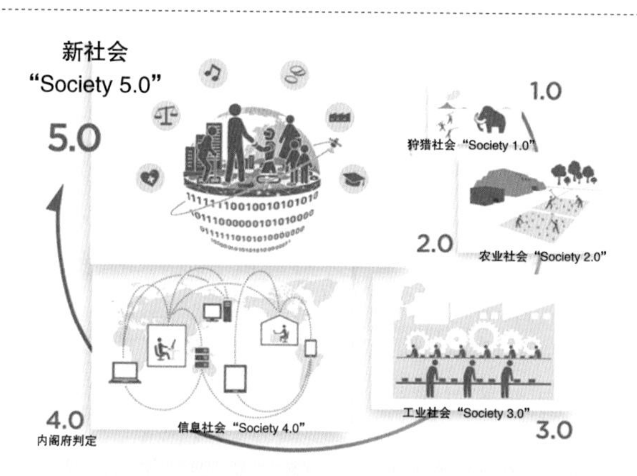

Society 5.0是通过高度融合了网络空间（虚拟空间）和物理空间（真实空间）的体系，在发展经济的同时解决社会课题，实现以人为本的社会（Society）。

※出处：内阁府“Society 5.0”

◆ 以Society 5.0为目标的社会

根据2018年6月发表的“未来投资战略2018”所示，Society 5.0的目的在于“将IoT、机器人、人工智能（AI）、大数据等尖端技术引入到所有产业和社会生活之中，通过提供人人平等且满足多种需求的物资和服务，在实现发展经济的同时解决社会问题”。其中人工智能也被视为重要的先行技术。

根据Society 5.0的构想，现代信息社会（Society 4.0）“通过物理空间（真实空间）传感器和IoT将大量信息积累在网络空间之中，这些大数据通过AI进行分析，分析结果以高附加价值的形式反馈给物理空间中的人们，从而进入Society 5.0阶段”。以Society 5.0为目标的社会参见下图。

Society 5.0社会

Society 5.0社会中，各种事物都将采用IoT和人工智能等技术，从而实现享受舒适高质生活未来的目的。

移动与健康护理

日本盈利最多的汽车产业和关乎全民的医疗技术必须面向将来不断进步。Society 5.0描绘的未来日本将在SEC.58-60详细介绍。

◆ 汽车产业和医疗技术

移动

在交通方面，少子老龄化导致人口减少、老年人交通事故增多，公交车等司机人手不足、公共交通服务萎缩等问题也随之而来。在未来社会，应用人工智能和大数据的自动驾驶将在提高安全性、缓解交通堵塞、确保老年人交通手段等方面发挥作用。同时，从单纯的自动驾驶发展为配合城市交通、开展面向全体社会的服务。

具体而言，为了在2020年实现自动驾驶，日本正在进行高速公路行车概念验证、老龄化地区人流物流概念验证以及多家企业卡车车队行车实验等。今后，计划以2020年为目标在公路上开始地区限定型的无人自动驾驶服务，2030年为止将在100多个地区推广地区限定型的无人自动驾驶服务。

健康护理

在医疗和护理的问题上，鉴于85岁以上人口的增加以及“认知症”患者的急速增长，因此有必要解决医疗护理需求急速扩大的问题，充实“认知症”对策并加强预防投资。Society 5.0社会将通过推进医疗和护理的多行业合作以及线上医疗，为居民长期生活居住的地区提供最佳服务。同时，通过产学联合推进从早期预防到提供生活帮助的综合性“认知症”对策，以实现宜居社会。

今后将推动以提供符合个人情况的健康、医疗、护理服务为基础的数据应用工作，着手构建将大数据作为个人历史并可联合分析的数据解析基础，开发先进的医药品和医疗机器。作为医疗护理产业的结构转型，正在致力于利用人工智能加速“染色体组医疗、支持图像诊断、支持诊断治疗、开发医药品、护理认知症、支持手术”6个重点领域的开发，明确医师法上的相关法规，推进收集优质数据等领域。

新价值的案例（交通）

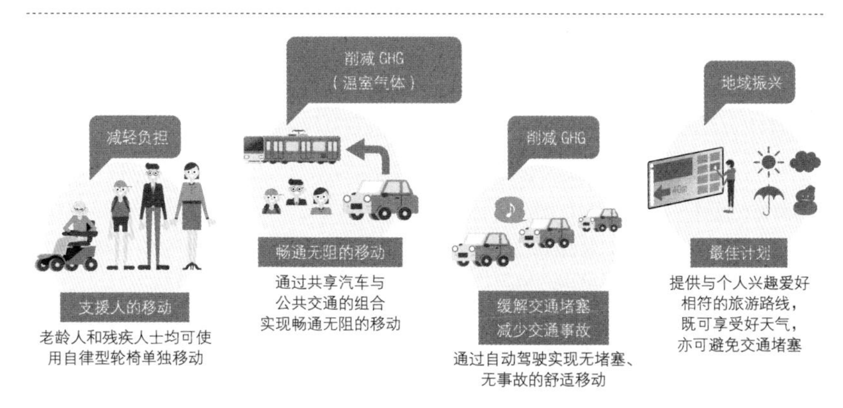

在交通方面，通过大力应用人工智能和大数据实现提高安全性、缓解交通堵塞、支援人员移动和社会服务。

※参考：内阁府“Society 5.0”（http://www8.cao.go.jp/cstp/society5_0/transportation.html）

新价值的案例（医疗、护理）

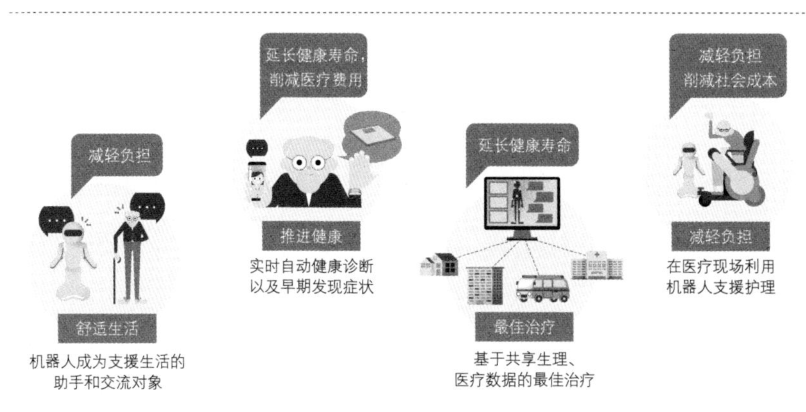

在医疗护理方面，居民在长期居住生活的地区享受最佳服务，实现宜居社会。

※参考：内阁府“Society 5.0”（http://www8.cao.go.jp/cstp/society5_0/medical.html）

制造业与农业

支撑国家的第一、二产业非常重要。

面对全面来袭的数字革命，如果没有相应准备，国家的根基将会动摇。

◆ 第一产业和第二产业

制造业

在这一领域存在着制造业人手不足和由销售产品向提供服务信息转型的课题。在理想的未来社会里，将通过超出工厂内机器及企业框架的数据合作创造出创新型产品和服务，实现零浪费的完美供应链和安全且高生产率的制造流程。

实际应用案例即通过连接生产现场的各种机器，在终端进行实时分析与控制，以提高生产率和稼动率的数据合作。今后，有望将数字技术、机器人和IoT配置在制造业和服务现场以提高劳动生产率和附加价值。在培养和确保数字化人才方面，2018年制定了结合实践的教学课程，并将于2019年开始授课。

农业

第一产业正在面临农村、山区和渔业人口减少的危机。为此有必要实现农林水产业盈利以增加这些地区作为定居地的魅力。运用最尖端技术和数据，实现农林水产业生产率的飞跃，并通过以满足市场需求为前提的经营方法将数据连接以提高价值链整体的利润。

作为实践，已经开始利用卫星定位协助农业机器的自动行驶。今后将加速农业改革，实现世界一流的智能农业。为此，应努力强化生产一线，提高价值链整体的附加价值，发展充分利用数据和尖端技术的智能农业。根据计划，2020年将实现远程监控的无人驾驶农业机械。

新价值案例（制造业）

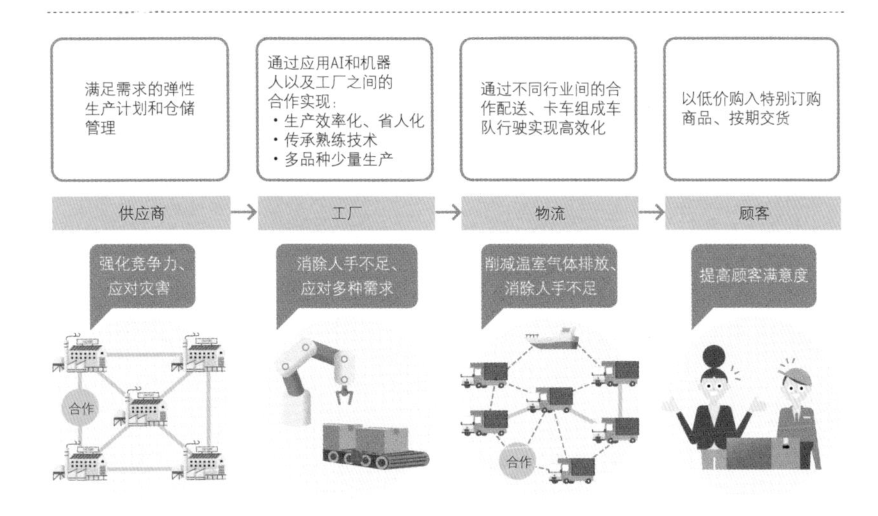

在制造业领域，通过数据合作实现安全且高生产率的制造流程。
※参考：内阁府"Society 5.0"（*http://www8.cao.go.jp/cstp/society5_0/monodukuri.html*）

新价值案例（农业）

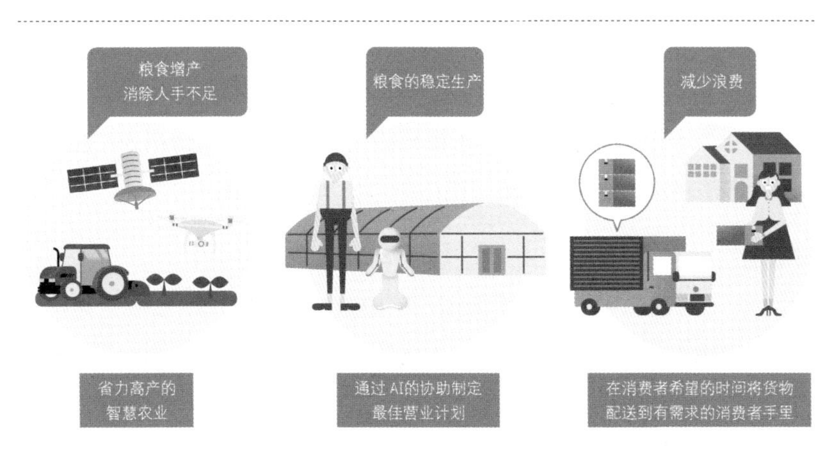

在农业领域，运用最尖端技术和数据实现生产率和利润的提高。
※参考：内阁府"Society 5.0"（*http://www8.cao.go.jp/cstp/society5_0/agriculture.html*）

能源与行政服务

把化石燃料转换成可再生能源，是资源小国日本长年以来的渴望。而在未能跟上时代潮流的行政服务领域改革则刚刚起步。

◆ 能源与行政服务

能源

能源方面的目标就是到2050年大幅削减国内的温室气体，为全球温室气体排放量削减做出最大贡献，并实现经济增长。通过最大限度地将化石燃料转化成可再生能源等实现能源转换和脱碳社会，最大限度地利用地区分散型能源实现应用分散型能源社会，以及通过先进能源管理实现最佳供需的先进能源管理社会。

目前致力于在2021年实现事业化的是虚拟发电厂（VPP）项目，通过控制蓄电池和家庭节电等分散型能源资源以产生可用电力，从而提供和发电站同样的功能。进一步来说，作为应用IoT、AI等相关商业的革新，正在促进多家企业的合作，通过IoT和AI带来的设备高效运转和自家消费型ZEH（零能耗住宅）等措施推进节能和能源的自产自销。

行政服务

在行政手续方面，现阶段我们距离无纸化还遥遥无期，手续上花费的时间以及成本负担依旧很大，仍处于纵向行政领导低效的体系之中。

在政府的数字治理实施计划中，以数字第一（使用数字化完成手续、服务）、只一次（提交过一次的资料或数据不会要求二次提交）、一站式（手续、服务的一站式完成）为三原则，力争实现行政服务的100%数字化。

新价值案例（能源）

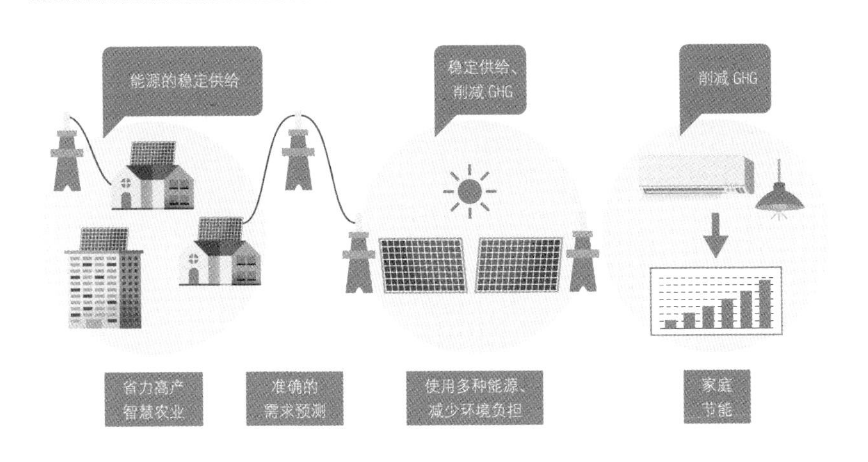

在能源领域，旨在实现能源转型、脱碳社会以及先进能源管理社会。

※参考：内阁府“Society 5.0”（*http://www8.cao.go.jp/cstp/society5_0/energy.html*）

新价值案例（行政服务）

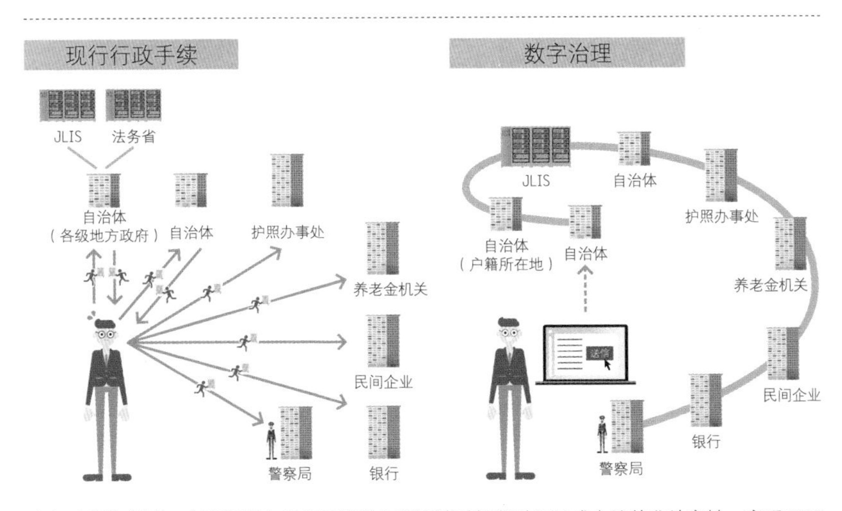

在行政服务领域，主要问题在于使用纸张办理手续时耗费时间及成本等的非效率性，实现100%数字化是将来的目标。

SECTION 61

人工智能的产业化

尽管日本的人工智能研究在稳步发展，但与美国、中国相比却还有相当距离。而如果要投入应用和产业化，其落后环境就亟须改进。

◆ 人工智能技术应用于产业界

下图是人工智能技术战略会议于2017年3月末发表的“人工智能的研究开发目标与产业化规划图”的一部分，也是人工智能和其关联技术融合后的产业化概念图。

本篇介绍了日本政府描绘的未来日本。我们可以了解到在其目标中，人工智能被寄予厚望并承担重要责任。

人工智能技术应用于产业界时，可分为“在各产业、各领域中应用数据驱动型人工智能”、“跨领域的人工智能及数据的普遍使用并扩展新产业”和“构建各领域多重连接融合生态系统”等3个发展阶段。

人工智能技术的根基是半导体体系结构、大数据和信息处理等技术，这些技术的发展推动着人工智能技术的不断进化。

比如半导体体系结构的精细化使通用处理器CPU向高度集成化和高速化快速发展。而深度学习则使体系结构又在向擅长矩阵运算的GPU转型。到2018年人工智能专用芯片面世后，终端方也将可以使用人工智能软件，从而进一步拓宽人工智能技术的应用领域。

由于数据处理环境的限制，人工智能技术的应用最初是从个别领域开始的。但是，随着使用环境的完善和扩展，也就有了逐渐跨领域化并诞生新产业的思路。

人工智能与其关联技术相融合的产业化概念图

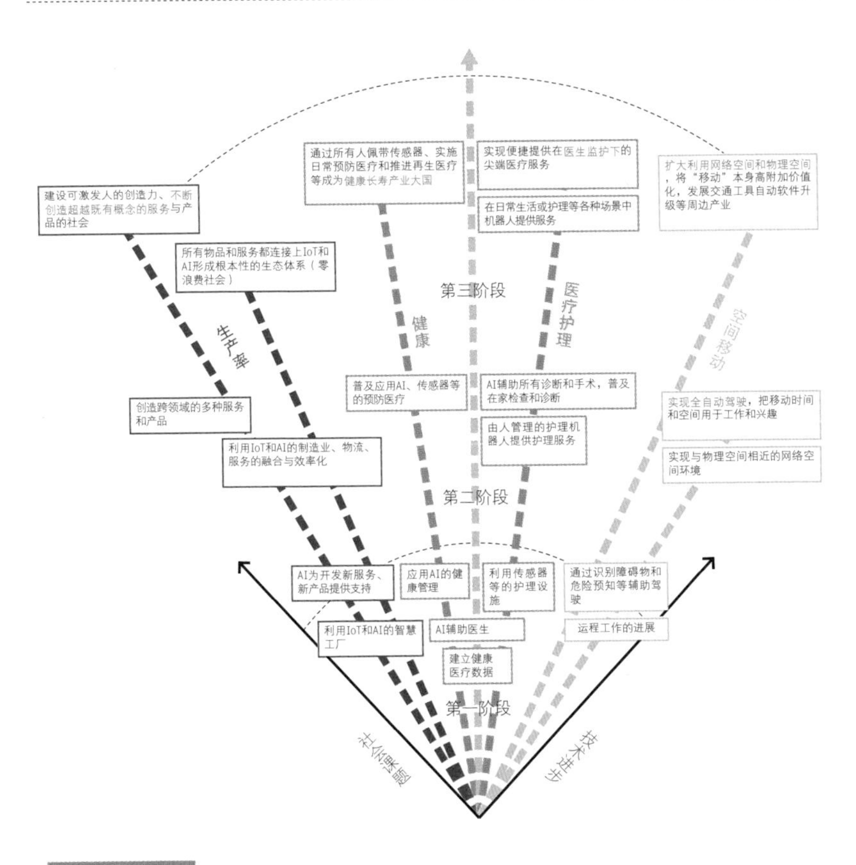

阶段 1

在各产业和各领域推动数据驱动型 AI的应用

阶段 2

推进跨领域的 AI和数据的普遍利用以及扩大新产业

阶段 3

构建各领域多重连接融合的生态系统

※出处：人工智能技术战略会议资料“人工智能的研究开发目标与产业化规划图”

SECTION 62

企业与商业的未来

我们已经了解了当今世界和日本的发展方向，
但这就已经描绘出未来的蓝图了吗？
谁也无法保证未来，除非亲手去描绘。

◆ 人工智能将成为数字技术的核心

在信息泛滥且日新月异的现代社会，企业在商业上很容易迷失方向。但正如本篇所述，SDGs和Society 5.0分别描绘了全球和日本的未来，并得到了众多共鸣和积极的推动。共鸣者越多，未来实现的可能性也就越大。

每家企业在各自的商业领域中想必正不断经历着残酷的竞争。如果误判发展方向则无法在竞争中胜出。

Society 5.0描绘的数字社会绝非前程似锦，有时甚至不是企业期待的发展方向。但是，毫无疑问现代社会正在进入数字社会。实际上近几年随着智能手机的急速普及，非洲各国的移动支付和电商网站的兴起，假想货币的使用等高科技革命如火如荼。可见，其国土广阔却电力设施薄弱、银行不足，但正是由于这些基础设施不够完善，反而推动了最尖端技术的跳跃式发展。

数字技术正在引发当今世界的革命，数字经济则牵引着世界经济。由于少子老龄化和人手不足，以及颠覆者企业的出现等原因，日本经济前景并不乐观。但正因如此，Society 5.0提出的数字革命才是企业所迫切需要的。

为此，在各自的商业活动中，企业必须应用大数据和数字技术，创造和扶植技术创新。人工智能则是数字技术的核心。只有积极推进利用人工智能，才能成为AI商业的佼佼者。

企业与商业的未来

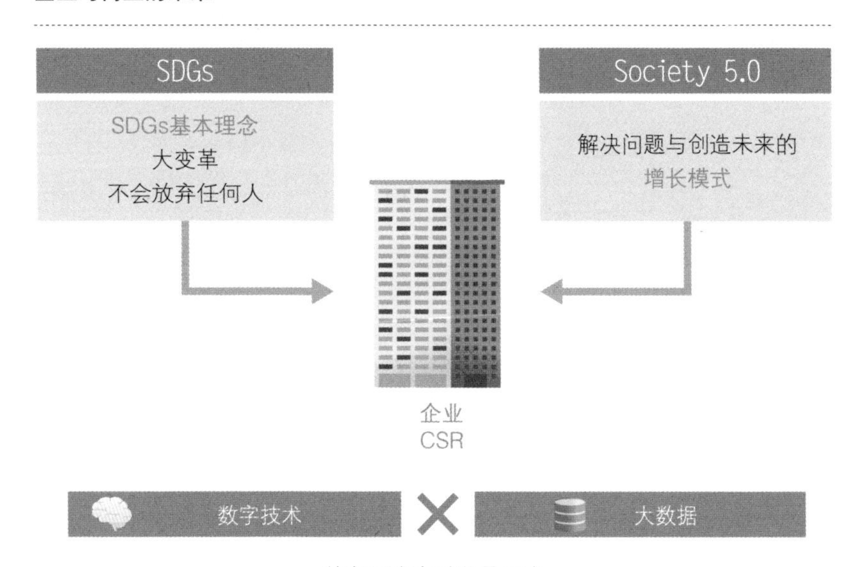

企业通过创新实现可持续增长并解决社会性问题。

企业的商业未来在于实现创新。

人工智能的未来

急速发展的人工智能今后将会以怎样的姿态展现在人们面前呢?
深度学习表现出了划时代的能力，但也只是实现了大脑仅仅一小部分的模型化。

◆ 人工智能的目标

“阿尔法狗”(AlphaGo)是在围棋中“特化”的深度学习。它即使会下围棋，也无法交流和翻译。因此现今的技术属于只能实现特定目的的“特化型人工智能”。

但是，“人工智能”原本应该是指人工创造人类拥有的“智能”这一“通用人工智能”。我们想象的人工智能是像哆啦A梦或铁臂阿童木一样，能够与人类交流并思考问题。

机器学习和大脑的关系

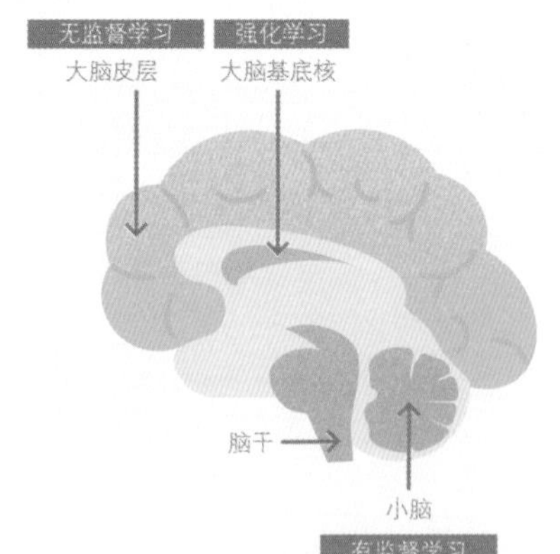

研究表明“有监督学习”“无监督学习”“强化学习”分别与“小脑”“大脑皮层”“大脑基底核”有着密切的关系。

◆ 有关通用人工智能的研究

深度学习的成功触发了世界对通用人工智能的研究。欧洲的“人类大脑计划”将耗资10亿美元，力争在10年内用电脑完全模拟人脑。

俄罗斯还有稀奇古怪的项目，试图将个人性格转移到尖端的非生物承载体，并将长生不老也纳入目标的技术开发。

在美国，将人的意识上传到计算机的“心灵克隆”研究也筹措到了巨额的资金。

2015年，日本成立了“全脑架构创新”机构，以2030年为目标，计划开发“自主获得在多个问题领域中的多元问题解决能力，具备解决超出设计设定问题能力”的人工智能。其研究方法如下。

大脑的分层结构

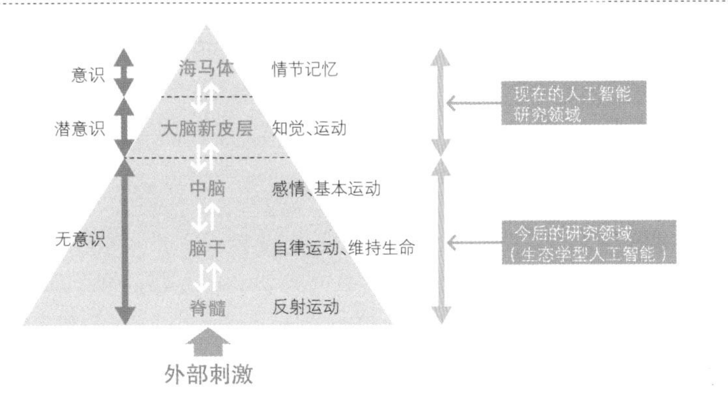

现在积极研究的围棋人工智能等属于本图的上半部分，而身体与环境的物理性关系属于尚未被开拓的研究领域。

人工智能的未来无法预测。人类思考何为人工智能？想象之物即为人工智能——即使无法知道那会是一个怎样的未来。

专业词汇

人工智能AI（Artificial Intelligence）
由计算机取代人类进行理解语言、推理、解决问题等智力活动的技术。

深度学习
如果存在大量的数据，计算机会自动总结其特征，通过深度神经网络的机器学习其方法。深度学习在人脸识别等“分类”领域作用巨大。

机器学习
实现人工智能的方法之一。反复学习数据，从中发现模式和特征。机器学习现在作为人工智能的核心技术被应用于各个领域。

有监督学习
机器学习的方法之一。必须预先知道正确的数据（教师样本），从教师样本中学习模式和特征。

无监督学习
机器学习的方法之一。与有监督学习大为不同，不给出正确数据（教师样本）进行学习。被用于实现与有监督学习不同的用途。

强化学习
不像有监督学习那样给予明显正确的数据（教师样本），而是提供行动的选择和报酬（评估、评分）。对于不知道正确答案的问题，在不断试错中寻找答案。

自然语言处理
通过计算机处理人们日常使用的自然语言的一系列技术。属于人工智能与语言学的一个领域，其研究领域广泛。

神经网络
通过数字模型表现人脑中的神经网络。使用由应分类的数据和正确答案标签组成的教师样本进行学习。

生成模型
在教师样本的基础上，创造与样本相似的新样本的模型。

生成式对抗网络（GAN，Generative Adversarial Network）
由生成模型G与识别模型D两种深度学习组成的模型。

过拟合
在机器学习中进行有监督学习时，对于没有学习过的问题无法正确给出答案的状态。

稀疏建模
从少量信息中正确总结出数据整体特征的科学性建模。

概念验证（PoC，Proof of Concept）
以验证新概念、新理论和原理为目的进行的实验。

金融科技（Financial Technology）
金融与IT的组合词。由于使用大数据，因此AI技术发挥着核心作用。

虚拟货币
指不像纸币、硬币等、不存在具体形态的数字货币。据说今后将成为世界通行的货币。

区块链
金融科技中备受关注的技术之一。是以虚拟货币之一比特币的核心技术为原型的数据库。

物联网（IoT，Internet of Things）
即物品的互联网。各种物品被链接到互联网和像互联网一样被链接起来，是通过交换信息相互控制的机制。

人力资源科技（Human Resources Technology）
在录用、培训、业绩评估、分配岗位等企业人事工作领域运用IT技术的解决方案。

自动化营销（Marketing Automation）
将筛选具有较高推销可能性的访问者的功能、向潜在顾客发送宣传本企业产品优越性等内容的功能、促销管理、制作报告等功能都通过一个软件进行整合。

机器人流程自动化（RPA，Robotic Process Automation）
通过进行过AI及机器学习处理的机器人代替人们从事手工作业的软件产品。

联合国可持续发展目标（Sustainable Development Goals）
联合国193个成员国制定的在2016年—2030年15年间应实现的17个大目标。

Society 5.0
日本政府倡导的科学技术政策的基本方针之一，是指继狩猎社会（Society 1.0）、农耕社会（Society 2.0）、工业社会（Society 3.0）、信息社会（Society 4.0）之后的新型社会，是日本设想的理想未来社会。

图书在版编目（CIP）数据

人工智能 /（日）谷田部卓著；刘晓慧，刘星译．—北京：中国工人出版社，2020.11
（未来 IT 图解）
ISBN 978-7-5008-7509-3

Ⅰ.①人… Ⅱ.①谷… ②刘… ③刘… Ⅲ.①人工智能—图解
Ⅳ.① TP18-64

中国版本图书馆 CIP 数据核字（2020）第 222174 号

著作权合同登记号：图字 01-2020-4673

未来IT图解：人工智能

出 版 人 王娇萍
责任编辑 董　虹
责任印制 栾征宇
出版发行 中国工人出版社
地　　址 北京市东城区鼓楼外大街 45 号　邮编：100120
网　　址 http://www.wp-china.com
电　　话（010）62005043（总编室）（010）62005039（印制管理中心）
（010）62004005（万川文化项目组）
发行热线（010）62005996　82029051
经　　销 各地书店
印　　刷 北京盛通印刷股份有限公司
开　　本 880 毫米 ×1230 毫米　1/32
印　　张 5
字　　数 120 千字
版　　次 2021 年 1 月第 1 版　　2024 年 1 月第 3 次印刷
定　　价 46.00 元